KB234013

무함마드 씨, 안녕!

무함마드 씨, 안녕!

모로코와 뒤늦게 친해지기

글·사진 김혜식

푸른길

모로코 여행은 자유 여행임에도 불구하고 그곳과 온전하게 통하지 못했다. 그래서 처음에는 모로코에 대해 그다지 할 말이 없다고 생각했다. 모로코를 다녀온 이후로 사진조차 들여다보지 않았었다. 몇몇 사건(?)으로 인해 한동안은 시쳇말로 '멘붕 상태'에 빠졌고, 모로코라는 나라는 다시 가지 않겠노라고 선언까지 했었다. 그랬는데… 그런데 무엇이 이렇듯 얼어 있던 내 마음을 녹여 주었을까?

한 사내와의 약속이 계기가 되었다. 베르베르 마을을 방문했을 때 우리를 안내했던 '하미드'라는 남자에게 기념사진을 보내 주기로 했었다. 사진을 하는 사람이 가장 부담스러워하는 일이 사진을 보내 주겠다는 약속이다. 오래도록 지키지 못한 그 약속이 마음 한구석에 자리 잡고 있어 내내 편치 않았다. 약속을 지키기 위해 사진을 찾다 보니, 사진 속 그 남자가 환한 웃음을 하고 있었다. "기억은 하고 있는 거니?" 하면서 말이다. 얼마나 많은 관광객들이 나처럼 약속을 했을까? 그리고 지키지 않을 걸 알면서도 그는 "사진 보내 줄 거지?" 하면서 그때마다 약속을 나눴겠지…. 하지만 그 사람은 그 사람 방식대로의 소통을 원하고 있었음이리라. 뜬금없이 사진 속의 그 남자가 그리웠다. 이상한 조화 속의 마음이다. 사진은 그렇게 늘 재회를 가능하게 하는 소통의 길을 열어 준다.

사람 일이란 게 대개 그렇다. 스스로 마음의 문을 닫으면 아무것도 보이지 않는다. 그들은 그대로인데 내가 마음을 열지 못한 것이다. 수줍어하고 경계하고, 다가오고 싶지만 방법을 모르는 순수한 사람들에게 마음의 문을 열지 않고서는, 왜 나를 반기지 않느냐는 식의 내 방법이 옳지 않았다는 사실을 깨달은 것이다. 마음을 풀고 보니 모로코는 모로코 그대로 있었는데 말이다. 세상을 내 잣대로만 바라보는 것이 큰 오류였다는 것을 새삼 느낀다. 그런 의미로 본다면 여행은 온당치 않은 그 잣대를 줄여 가는 일이리라.

그러므로 이 이야기는 모로코에 대한 내 생각과 시선 전환의 계기가 된 아주 사소한 이야기가 되겠다. 여행 이야기가 되었건, 사진 이야기가 되었건, 많은 이야기를 하다 보면 모로코가 내게 보내던 눈빛과 그 깊이가 새롭게 보일 것으로 믿는다.
그리하여 모로코와의 간격이 줄어들길 희망한다.

contents

이야기.. 셋 시시콜콜 페스

Morocco
Episode

아이 러브 마라케시

Morocco Episode #1

나의 여행 중에 가장 서툴렀던 여행,
모로코

떠나기 전부터 여행지에 대해 조사하고 공부하면 이미 그 여행은 사실상 시작된 거라고 생각한다. 그러나 사람들은 그 여행지에서 며칠 동안 머물렀는지를 궁금해한다. 쿠바(Cuba) 여행의 경우는 1년쯤 여행한 느낌이다. 쿠바 여행은 떠나기 6개월 전부터 계획을 세우고 자료집이나 영화, 음악 등까지 섭렵하며 푹 빠져 살다가 다녀왔다. 게다가 다녀와서는 떠나기 전에 보았던 영화를 다시 보면서 몇 달 동안을 여행의 감동 속에서 살았다. 그러다 보니 꽤 오래 여행을 한 셈이다. 고작 보름간의 배낭여행으로 거의 1년을 우려먹었으니까. 하지만 모로코(Morocco) 여행은 쿠바 여행에 비해 같은 보름을 여행했음에도 그 사정이 달랐다.

쿠바 여행기 원고(그 후 『쿠,바로 간다』로 출간)를 출판사에 넘긴 후, 열흘을 전후하여 급하게 다음 여행지를 정했다. 그러니까 모로코를 여행지로 정한 것은 순전히 여행사의 출발 확정 사인이 결정권을 쥐고 있었던 셈이다. 모로코 여행은 어렴풋이 언젠가 한번은 꼭 가리

라 점찍어 두었던 곳, 아니 그런 여행지 중에 하나일 뿐이었다. 이런 방법은 이전의 내 여행법(?)이 아니긴 했으나 '나는 사진을 하는 사람'이라는 다소 엉뚱한 배짱이 작용했던 것 같다.

흔히 하는 말로 '아는 만큼 보인다'라는, 사진을 하는 기본을 무시하기만 하면 어쩌면 모로코를 더 신선한 충격의 새로운 시각으로 바라보게 해 줄지도 모른다고 생각했기 때문이었다. 아니 사실, 모로코를 여행지로 정할 때 사하라 사막을 염두에 두고 있었다고 솔직하게 털어놓는 것이 이해하기에 훨씬 도움이 되겠다. '사하라 사막을 가는데 무슨 사전 지식이 필요하냐'라는 막무가내의 심사가 이번의 무모한 여행을 은근히 더 부추겼던 것 또한 사실이었다.

함께 가기로 한 동생이 따라나서기는 하는데 황당하다고 했다. 무슨 여행을, 아니 그 먼 나라를 가면서 어떻게 준비도 없이 가냐고 걱정부터 앞세웠다. 게다가 나는 가는 내내 비행기 안에서 계속 잠을 잘 것이며, 사하라에 닿기 전까지는 놀멘놀멘 쉴 것이며, 여행이 힘들면 호텔에서 잠이나 자겠다는 등 여행에 대한 의지를 전혀 보이지 않고 있었다. 사실은 몇 달간의 원고 작업으로 지쳐 있기도 했지만, 당시 머릿속에서 쿠바의 잔상을 털어 내지 못한 상태였던지라 어차피 순수한 시각으로 모로코를 본다는 것이 무리일 거라고 예견했기 때문이다. 단지 죽기 전에 사막이나 가 보자는 식으로 막연하게 '사, 하, 라'라는 단어에 더 끌렸던 것 같다.

미애와 루이라는 부부가 낸『미애와 루이, 318일간의 버스여행』이란 여행기를 읽은 적이 있다. 프랑스 사진작가인 '루이'와 우리나라 '미애'라는 패션모델이 큰 대형 버스를 하나 사서 그들의 아이와 기르던 개 한 마리를 데리고 대륙을 횡단하는 이야기로, 여행이라면 적어도 그 정도는 해야지 여행기가 되고 이야깃거리가 될 법했다. 하지만 나는 모로코를 고작 보름에 다녀왔으며, 사막이나 보러 가자고 해 놓고는 막상 사막에서는 단 하룻밤을 보냈을 뿐이다. 이것을 책으로 묶는다는 것은 어찌 보면 무식한 용기일지도 모르겠다. 그러나 모로코는 시간이 흐를수록 슬슬 그리워지면서 그 보름이 한 달이 되는 것 같고, 다시 그 한 달은 두 달이 될 것처럼 부풀려졌다. 다행히 사진은 그러한 시간과 기억을 모두 복원시켜 주었다.

사진이란 나보다도 얼마나 더 영민한 기억 장치인가! 사진을 시작한 이후로는 사진을 신처럼 믿기까지 한다. 때때로 까마득하게 잊을 뻔했던 순간의 눈 마주침까지 고스란히 기억하고 있으니까. 그러나 너무 믿지도 말자. 혹시나 일순간에 날아가 버리는 일이 생길지도 모르니…. 사진도 때로는 사람처럼 알츠하이머병에 걸리듯 폴더가 통째로 사라지기도 한다. 그러므로 관리를 잘 해야 한다.

이제 더 사라지기 전에 내 기억과 사진의 기억을 함께 불러 세워 보기로 한다. 짧기 때문에 빛났던 첫사랑 같은 모로코, 훗날 더 온전히 그리워하기 위하여….

동그라미로 여행은 시작되었다

두바이(Dubai) 공항에서 모로코로 가기 위해 트랜스퍼 카운터에 줄을 서는데 에미레이트(Emirates) 항공사 승무원의 모자가 눈에 들어온다. 빨간색 바탕에 단순하게 그려진 초록별을 국기로 가진 나라, 모로코. 동그라미 안에 초록별을 그려 넣어 본다.

여기서부터 여행은 시작된 것이라고 마음먹기로 하고 초록별을 몰래 주머니에 집어넣었다.

낯익은 풍경을 만나다

모로코(Morocco)의 모하메드(Mohammed, 무함마드) 5세 공항에 들어서서는 낯익은 풍경 하나를 만났다. 계룡산 산신제에서 보았음 직한 설위설경(設位說經) 문양이다. 일순간 긴장했던 마음이 풀린다. 공주를 대표하는 민속학자 심우성 선생님은 아시아 1인 연극제 때 설위설경을 가지고 곧잘 노셨다. 얼마나 익숙한 문양이던가.

지구 반대편에서 이런 문양을 만나다니, 어쩌면 모로코는 친근한 이웃 같은 느낌일지도 모른다는 생각이 들었다. 안도했다. 그러나 그것이 얼마나 큰 착각이었는지….

4

무함마드 씨, 안녕!

모로코의 현재 국왕은 모하메드 6세(Mohammed Ⅵ). 카사블랑카(Casablanca) 공항 이름은 '모하메드 5세 공항'으로 아버지의 이름을 붙였다. 모하메드 5세부터 즉위하여 2대째 국왕이 있는 나라로, 그의 아들 모하메드 6세 사진이 공항에서 우리를 반겼다.

사진을 찍어도 되는지 눈치를 보고 있는데, 사진 아래 앉아 있던 경찰이 슬며시 일어나 찍어도 된다는 무언의 액션을 취한다. 일단 남의 나라에 왔으니 눈치부터 보는 게 상책이다. 그래도 삐뚜름히 서서 한 컷 누른다. 늘 그렇듯 돌아와서는 '이왕 찍는 거 당당히 허락받고 중앙에서 찍었으면 더 좋았을걸' 하는 생각이 든다. 대부분의 사진이 그랬다. 여행 내내 비스듬히 비켜서서 모로코를 봤다고 해도 과언이 아니겠다. 모든 삐뚜름한 사진이 말해 준다.

호텔이나 큰 건물에는 어디나 잘생긴 모하메드 6세 사진이 걸려 있었다. '모하메드'라는 인물은 본래 이슬람교를 믿는 사람에게는 신적인 존재이다. 공항의 모하메드라는 이름에서 벌써 이슬람 국가에 들

صاحب الجلالة الملك محمد السادس
نصره الله

어섰다는 것을 실감했다. '칭송 받는 사람'이란 의미의 예언자를 뜻하는 모하메드는 '무하메드, 무함메드, 마호메드' 등의 비슷한 이름으로 불리어도 모두 같은 의미이다. 이름에 따라 사람의 운명이 바뀐다고 믿는 부모님들이 모하메드처럼 살라고 흔히 붙여 주는 이름이란다.

어디선가 영국에서 가장 인기 있는 이름이 '모하메드'라는 것을 본 적이 있다. 일반적으로 우리가 알고 있는 바로는 영국은 청교도에 익숙한 나라인데, 모하메드라는 이름이 선호도가 높다는 것이 의외였다. 영국에 이슬람교를 믿는 사람들(무슬림)이 많이 살고 있음이리라. 또한 이 지구 상에 이슬람교를 믿는 사람이 의외로 많다는 증거이기도 하다. 그러나 아직 우리나라에는 이슬람교를 믿는 사람이 많지 않아서인지, '이슬람'도 낯설고 '모하메드'도 낯설다. 그러한 낯섦으로 인해 현지에서 겪게 되는 모든 것에 대한 시각이 얼마나 신선할 것인지 기대 충만했다.

우리나라도 1970~1980년대에는 모든 관공서에 현직 대통령 사진이 걸려 있던 적이 있었다. 모로코식으로 해석하면 어쩌면 그 시절 우리는 '모하메드' 같은 강력한 힘을 원했던 것인지도 모르겠다.

5

하미드 씨, 나를 기억해요?

여행은 어설픈 해프닝이 많을수록 그곳이 더 그리워질 수 있다. 돌아와서는 서서히 모로코 음악에 빠져들고 모로코 음식에 관해 뒤지고 영화를 보기 시작한다. 다시 간다면 이번에는 제대로 알아보고 가고 싶어진다. 가서 헤맸던 그 골목을 다시 걸어 보고, 시장통을 누비고, 혹시나 낯익은 얼굴을 만나면 호들갑스럽게 내가 먼저 아는 척을 하고, 그 사람을 만나면 "하미드 씨, 나를 기억해요?" 하며 아는 척을 하고 싶다.

뿐만 아니라 여행하는 내내 히잡(hijab)을 뒤집어쓰고 다니며, 보이는 사원들마다 모두 들어가 하루 다섯 번의 기도 시간에도 참석해 보리라.

Newspapers and Magaz
with o...rs

모로코와 모나코

모로코(Morocco)와 모나코(Monaco)를 혼동하는 사람들이 의외로 많다. 몇 년 전에 남부 프랑스를 간 적이 있다. 그때 이왕이면 근사한 모나코에서 자려고 호텔들을 뒤진 적이 있었다. 결국 방이 없어 아쉽게도 한 시간을 더 달려 아주 늦은 시간에 니스(Nice)에서 묵었었다. 항구에 정박해 놓은 어마어마한 요트에 헛물을 키다가 구경만 하고 나온 모나코라는 나라.

모나코는 관광객이 쏟아붓는 돈으로 나라가 움직여지는, 세금 없는 부자 나라라고 보면 된다. 남부 프랑스 니스 근처에 있는데 바티칸(Vatican) 다음가는 영토 크기를 가진 조그마한 나라이다. 인구라 해야 고작 몇 만 정도밖에 되지 않는 프랑스 자치국으로, '모나코 공국'으로 불린다. 공국(公國)이란 공작 칭호를 받은 사람이 통치하는 아주 작은 나라를 이르는데, '몬테카를로(Monte-Carlo) 카지노'와 '몬테카를로 랠리'가 유명한 부자 나라이다.

모로코를 다녀왔다고 하니까 '모나코?' 하고 되묻는 사람들이 많다.

그만큼 우리에게는 모로코보다 모나코가 더 익숙한 듯하다. 하지만 전혀 다른 나라이다. 그러므로 당연히 살아가는 법도 전혀 다르다. 모로코에서 모나코를 기대하면 큰 오산이다. 단지 닮은 것이 있다면 두 나라 모두 국왕이 있는 나라로 정치체제가 입헌군주제(立憲君主制)라는 것뿐이다.

덧붙여, 빨간색 히잡(hijab)은 결혼을 하지 않는 여성이 쓰는 것으로 오른쪽 사진은 같은 비행기를 타고 간 소녀의 모습이다. 노란 저고리에 꽃분홍 치마의 우리나라 처자가 머리끝에 매단 긴 댕기도 빨간색이다. 빨간색이 곱기도 하다. 결혼을 앞둔 총각에게는 울렁증이 생기겠다. 빨간색은 설렘의 징표이다. 축구로 유명해진 나라 스페인에서는 빨간색 천을 이용해 소를 흥분시키고 열광하는 투우를 한다. 다시금 빨간색으로 울렁증이 시작된다.

7

모하메드 5세 공항

카사블랑카(Casablanca) 모하메드 5세 공항에 내리자, 동생은 V자를 그리며 탄성을 질렀다. 먼 이국땅 모로코에 도착했다는 반가움보다는 20시간이 넘는 비행에서 해방되었다는 안도감이었으리라.

공항에서 픽업 나온 기사를 만났다. 자신을 Mr.정으로 소개했다. 연계된 여행사끼리의 호칭인 듯했다. 그곳에서 그제서야 함께 갈 일행과 합류했다. 함께할 일행은 회사를 다니다가 못내 벼르던 여행을 오게 되었다는 아가씨 두 명이었다. 우리는 '인도로 가는 길'이란 여행사를 통해 자유 여행이란 방법을 선택했던 터였다.

자유 여행이란 패키지 여행보다는 조금 더 자유로운 여행으로, 호텔까지 안내하거나 노선 따라 이동할 때 차량을 제공해 주는, 배낭여행보다는 조금 더 수월하고 느슨한 말 그대로 자유 여행이다. 나처럼 이동 중에 카메라의 안전이 염려되거나 언어가 뒷받침되지 않는 사람들에게는 이동 걱정을 덜 수 있어서 좋은 방법이라고 할 수 있겠다. 특히 여성 여행객들에게는 여러 위험 요인을 줄일 수 있어 권

AEROPORT MOHAMMED
Sortie
Exit

할 만하다. 또한 여행을 하다가 마음에 드는 지역이 있으면 일정을 조정하기도 용이한데, 자유 여행의 경우는 대부분 두 명만 되면 일단 출발을 시키는 수가 많다.

마침 둘이 가는 팀으로 출발이 확정되어 있었으니 용케 인연이 되었던 것이다. 공항에서 네 명이 움직이기에는 생각보다 훌륭한 밴이 우리를 기다리고 있었다. 우리나라에선 연예인이나 타고 다닐 법한 외제차(?)이다.

달리는 차 안에서 풍경을 찍을 때는 움직일 수 있는 공간이 넉넉한 것이 좋다. 마라케시(Marrakech)로 이동하기로 했다. 무엇을, 어떤 상황을 만나더라도 알고 만나야 할 것 같아 기내에서부터 간간이 훑어보던 모로코 스크랩을 다시 꺼내 들고 읽는다. 그러나 눈은 이미 풍경으로 가 있다. 손이 바빠지기 시작했다.

우리는 두바이 공항에서 트랜스퍼하여 카사블랑카에 내려 '마라케시', '메르조가(Merzouga)', '아틀라스 산맥(Atlas Mountains)', '사하라 사막(Sahara Desert)', '페스(Fes)', '카사블랑카(Casablanca)'의 순으로 며칠씩 묵으며 여행을 마쳤다.

극서(極西)의 뜻을 가진 모로코

모로코(Morocco, Kingdom of Morocco)는 아랍어로 '마그레브엘아크사 (Maghreb-el-Aksa)'이다. '일몰(日沒)' 또는 '극서(極西)'를 뜻하는 말이란 다. 해석이 참 낭만적이다. 문득 '일몰'이란 단어에서 한 번, '극서'라 는 말에서 또 한 번 사막을 떠올리게 된다. 불시착했던 어린 왕자도 더불어…. 극서에서 바라보는 일몰은 얼마나 쓸쓸했을까?

많은 사람들이 모로코로의 여행을 꿈꾼다. 아마도 사막으로 떠나고 싶은 것인지도 모른다. 어쩌면 소설 속에서나 만날 수 있었던 어린 왕자를 한 번쯤 만날 수 있다는 희망을 버리지 않은 사람들이 마지 막으로 선택하는 방법이 여행일지도 모른다.

아니, 그런 낭만은 크리스마스 날 찾아온다던 산타 할아버지가 환상 이었다는 것을 깨달으며 어른이 되었듯이, 더 이상은 아무도 만나지 못한다는 것을 알아 버린 사람들이 쓸데없는 희망을 버리는 일이다. 그리하여 여행이란 살면서 일어나는 모래바람을 잠시 피하는 일에 불과하다.

지금은 말 그대로 서(西)사하라의 일부 영유권을 가지고 있을 뿐인
극서의 땅 모로코, 나는 여기서 무엇을 얻고 무엇을 버릴 것인가?

타진으로 만난 신고식

저녁이 다 되어서야 '붉은 도시'라고 불리는 마라케시(Marrakech)에 도착했다. 예약해 준 호텔에 짐을 풀고 나니 커피 한 잔이 간절하다. 준비해 간 원두커피를 내리려니 커피포트가 없다. 드라이기도 보이지 않는다. 대신 다른 호텔에는 없는 것이 보였다. 세면대 옆에 나란히 있는 발 닦는 곳, 이것이 세족대라는 것인가? 무슬림들은 사원에 기도하러 갈 때 반드시 발을 깨끗이 닦고 들어가는 예의를 갖추기 위해 세족식(洗足式)을 한다. 그렇다면 우리는 모로코에 들어왔다는 신고의 의미로 발부터 닦아야겠구나, 싶어졌다. 한참만에야 따뜻한 물이 나왔다.

저녁을 먹으러 나가려고 길을 나서며 프런트에서 지도 한 장을 얻으려니 지도가 없단다. 시내가 어디냐고 묻자 오른쪽, 왼쪽, 쭉쭉…, 손으로 가르쳐 주지만 알 수가 없다. 방향만 잡고 길을 따라서 나서는데 우리가 묵은 곳은 올드타운에서 먼 신시가지이다. 저녁의 시내를 구경하기로 했다. 상가를 구경하다가 진열된 타진(Tajin, 따진) 그

릇 사진을 한 장 찍고 나니 한 모로코 사내가 반갑게 들어오라고 반겼다.

모로코 음식 '타진(Tajin)'은 어떻게 생겼을까, 궁금해진다. 설명을 들으며 주문한 음식은 타진과 민트차였다. 치킨 타진과 양고기 타진을 두 개 시켰는데 양이 꽤 많다. 우리가 첫날 터득한 것은 1인분으로 먹기에는 타진의 양이 많다는 것. 계산서를 요구하고 계산을 하려니 내 계산과 맞지 않았다. 아니, 카운터에서 잔돈을 거슬러 받은 웨이터가 빠르게 손바닥 안으로 지폐 한 장을 구겨 감추는 것을 본 것이다. 이를 따지자 사이드 음식으로 따라 나온 음식값이 계산에 포함되지 않았다고 설명한다. 50디르함(DH. Dirham)이 차이가 났다. 손을 펴라고 으름장을 놓는 것으로 거스름돈을 되돌려받으며 첫날 저녁의 신고식을 치른 셈이다.

여행을 하다 주의해야 할 것 중 하나는 여행객들이 며칠차인지 현지인에게는 읽힌다는 것이다. 처음 들어온 사람은 티가 나게 마련이다. 그 흔한 타진에 대해 궁금해하며 주문한 것으로 그들에게 수를 읽힌 것이다. 눈치 빠른 총각이 우리를 읽었다. 그러나 돌아와서는 다음부터는 그러지 말라고 충고하고 팁으로 주고 올걸, 하는 후회를 했다.

모두가 그런 것은 아니겠지만 고맙게도 첫날부터 그 청년으로 인해 계산할 때는 주의를 해야 한다는 것을 배웠다. 첫 현지 적응이다. 돌아오는데 빗방울이 떨어졌다.

10

서점에서 비를 피하다

이곳저곳 기웃거리다가 길가의 서점에 들러 책을 구경했다. 비를 피하려고 들어간 서점이다. 서점을 가는 이유는 공짜로 화집이나 사진집을 실컷 볼 수 있어서이다. 그 나라의 문화나 예술을 짧은 시간에 파악하는 데 서점만큼 좋은 곳도 없다. 눈요기만 하는 것이지만 그런 한나절로 여행이 충분히 즐거워진다.

그곳에서 아주 인상적인 엽서 하나를 샀다. 그 사진을 보고 나니 나도 이번 여행 중에 아주 모로코적인 여인의 사진을 한 장 찍을 수 있는 행운이 온다면 좋겠다는 생각을 한다. 사진 찍는 사람이라면 한번쯤 가져 보는 욕심이다. 그러나 그런 표정의 사진을 갖는다는 것은 그 사람과 내가 얼마나 자연스러운 관계가 되어야 가능한 것인지에 대해서도 너무나 잘 안다. 내 사진을 보며 그들에게 온전히 가까이 가지 못했음을 시인한다. 그래서 배낭여행의 맛을 알아 버리면 패키지 여행이 시시해지는 것인지도 모른다. 배낭여행은 패키지 여행보다 현지인에게 가까이 다가가기가 훨씬 수월하다.

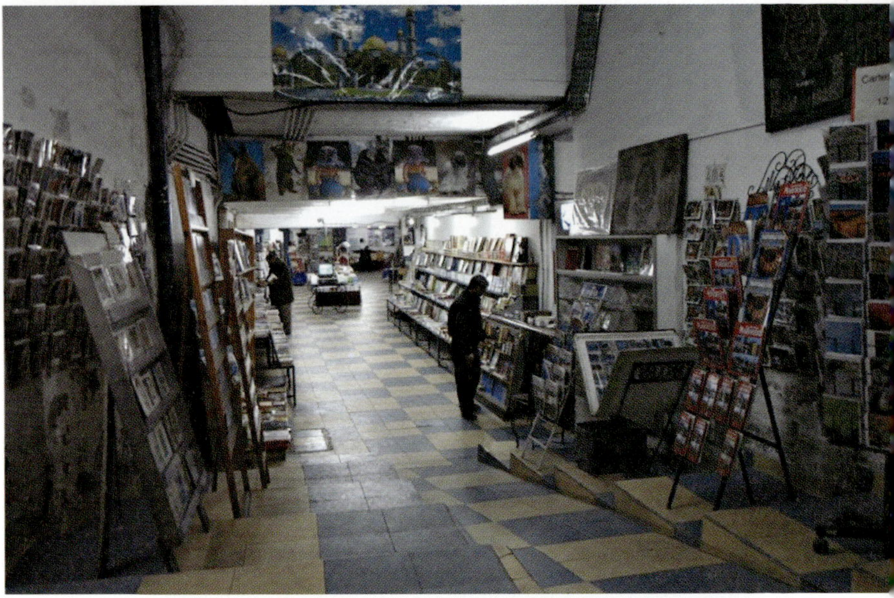

بسم الله الرحمن الرحيم
فسيكفيكهم الله وهو
السميع العليم
صدق الله العظيم
تفسير القرآن العظيم
صحيح البخاري
صفوة التفاسير

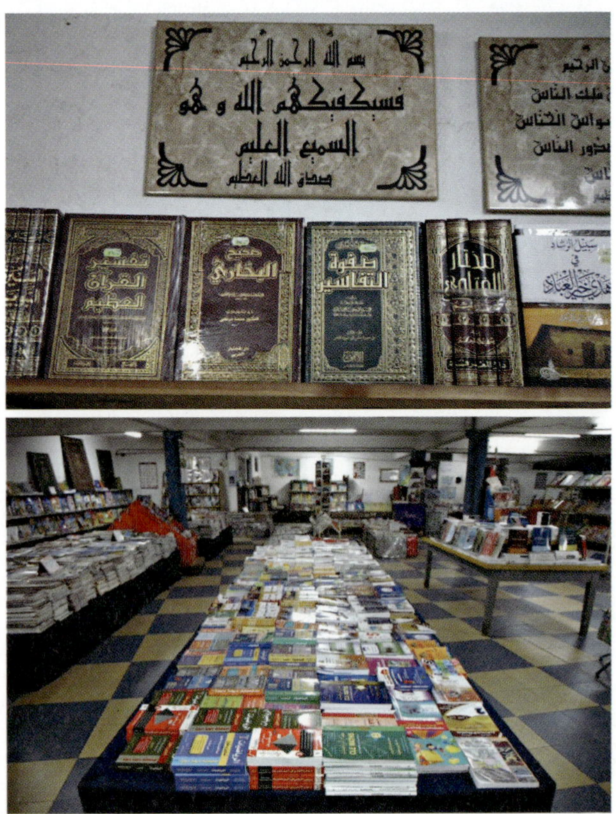

사진을 사진 찍다

시는 아무리 허접해도 이름이 따라다니는 데 비해 사진은 이름도 없
이 떠도는 게 너무 많다.

이름 모를 사진작가에게 박수를 보낸다.

모로코에 다가가기

본격적인 일정이 시작되자 사진 찍는 일이 쉽지가 않다. 달려와 사진기 앞에 서 주던 쿠바 사람들과 달리, 카메라를 들이대면 "노 포토!"를 외치거나 손사래를 치는 사람이 대부분이기 때문이다.

분명하게 허락하지 않아도 어느 정도 묵시적으로 눈인사를 통해서라도 수락 의사가 전해졌을 때 사진을 찍은 습관이 있었던 터라 거부하는 의사를 맞닥뜨리니 당혹스럽다. 하긴 그들도 당혹스럽긴 마찬가지겠다. 입장 바꿔 생각해 보면, 느닷없이 카메라를 들이대면 우린들 반가울까? 더구나 사진을 찍으면 영혼이 달아날지도 모른다는 이슬람 사회의 독특한 문화적 정서가 그러한 상황을 만들었다는 걸 미리 알았더라면…. 진즉부터 그런 저간의 문화적 정서를 알고 가지 않은 탓이 컸다.

사진에 목숨을 거는 정도는 아니었으니까 어쩌면 그냥 그들과 놀면서 알아 가는 기분으로 다가가는 것이 좋았을 것이다. 욕심을 버리면 여행이 즐거워지는 법이니까.

13

아이들과 친해져 보라

마조렐(Majorelle) 공원을 가기 전에 작은 마을에 들렀다. 시가지를 벗어나니 사람들 모습이 달라진다. 형언하지 않아도 알 수 있는 순수함을 그대로 느낄 수 있다.

우리가 그들을 궁금해하는 만큼 그들도 우리가 궁금한 모양이다. 아이들이 뛰어나오고 어른들이 끼어든다. 어른들은 대부분 사진을 찍지 말라는 손짓을 하지만 아이들과 찍은 사진을 보여 주며 한참 놀다 보면 어른들도 어느 정도 경계심을 풀게 마련이다. 어떤 마을에 가든지 그 마을을 찍고 싶으면 아이들과 먼저 친해질 일이다.

마조렐 공원과 이브 생로랑

프랑스 미술가 마조렐(Majorelle)이 만들었고 말년의 이브 생로랑(Yves Saint-Laurent)이 별장으로 썼다는 마조렐 공원. 노란 화분이 인상적이다. 공원이야 어딜 가나 있을 법한 흔한 공원이지만 이곳이 유명한 것은 단지 이브 생로랑을 닮은 노란 화분이 있기 때문이 아닐까? 그렇게 시비를 걸고 싶어질 만큼 강렬하다. 노란 화분은 너무도 당당해 보여 은근히 심사가 뒤틀렸다.

'혹시 노랑을 좋아하나? 그래서 이브 생로랑(?)인가?' 어쨌거나 모로코에서 이브 생로랑이란 이름은 튀었고, 디자이너라는 직업도 튀었다. 모로코 여인들이 입는 옷이라고는 큰 자루 같은 차도르(chador)나 젤라바(djellaba)를 뒤집어쓰면 끝나던데… 모로코에서 디자이너라는 직업은 그다지 필요조차 없어 보이는데 말이다.

얼마 전 K-POP 가수 '티아라'가 프랑스 공연에서 빨간 모로코 국기를 어깨에 두르고 열창을 해서 관심을 모은 적이 있다. 프랑스 식민지였던 모로코, 그 모로코 국기를 등짝에 휘감고 에펠탑 근처에서

냅다 목청을 높였던 것이다.

어떤 이는 일본과 우리나라의 관계를 빗대 동병상련(同病相憐)의 마음이 작용했을 거라고도 했다. 그러나 정작 타아라는 단지 무대에 오르기 전 함께 참가한 모로코 가수들이 선물로 모로코 국기를 선물했기에 예의상이자 응원 차원에서 둘렀다고 한다. 이유야 어떻든 후련한 도전이다.

공원에 딸린 찻집은 유럽 사람이 대부분이다. 먹다가 던져 주는 음식을 얻어먹기 위해 이 테이블 저 테이블 옮겨 다니는 고양이와 생각 없이 노는 모로코 사내… 철부지 같아 보였다. 공원을 뒤로하고 나오는데 화단에 온통 심어진 선인장이 유난히 따끔해 보였다.

15

아이 러브 마라케시!

모로코 사람들은 사람을 좋아한다. 그래서인지 길을 가다 보면 자주 "곤니찌와"를 외치면서 먼저 인사를 하는 경우가 많은데, 대부분이 남자들이다. 이들은 동양인은 모두 일본 사람이라고 착각을 한다. 그만큼 모로코를 여행하는 동양인 관광객들은 일본 사람이 대다수를 이룬다. 역시 우리도 모로코 사람들을 구분하지 못하는 것은 마찬가지이다. 아랍 인(Arab人)인지, 베르베르 인(Berber人)인지 또는 무어 인(Moors人)인지…, 마라케시(Marrakech)에서 만난 사람들은 그냥 마라케시 사람일 뿐 달리 구분할 방법이 없다.

그들은 또 카메라를 낯설어한다. 아니 예전에 우리에게도 사진을 많이 찍으면 영혼이 날아갈지도 모른다고 걱정하던 때가 있었듯이, 이들에게도 그런 정서가 아직도 남아 있음이다. 그들을 알아가면서 요령을 익히기 시작했다. 사진 한 장 찍고 나서 얼른 "아이 러브 마라케시!"라고 인사를 하고 내가 먼저 손을 들어 주는 것이다. 그러나 가끔은 눈인사로 안면을 트며 다가올 때 반응을 보이면 열 명에 반

은 "내가 안내해 줄까?" 하며 작업(?)을 걸어 온다.

더 특이한 것은 친절을 받으면 대부분 친절의 값을 지불해야 한다는 것이다. 페스(Fes)에는 그것이 직업인 사람도 많았다. 일종의 비공식적인 가이드이다. 안내에 만족했느냐고, 그럼 만족한 값을 더 내라고도 한다. 친절의 값에 정가가 있는 것은 아니지만 지리를 모르거나 안내를 받고 싶을 때 오히려 유용할 때도 있다. 대가는 내가 주고 싶은 만큼 주면 되는 거니까.

"내가 얼마를 달라고 말할 수 있남유."

"알아서 줘유."

순전히 충청도식의 흥정이 여기에도 있다.

16

소통이 서툰 사진

찍는 사람 입장도 선뜻 한 장 찍어도 되겠냐는 말도 못 하고, 찍히는 사람 입장에서도 그냥 숨어서 눈길만 줄 때 소통이 서툰 사진이 되고 만다. 사진을 한다고 하면 많은 사람들이 작품을 기대한다. 그러나 대부분의 여행 사진이란 단지 엉성한 기념사진이다. 돌아와 할 일 없을 때 추억이나 되돌리는 기억의 슬라이드인 것이다.

골목의 꼬마는 낯선 이방인이 그저 궁금했는지 몇 개의 골목을 따라다녔다. 그러나 눈이 마주치면 몸을 숨겼다. 나도 이 꼬마와 한가하게 놀면서 마음 트는 것을 포기한다. 아이들이 둘 이상은 되어야 쉽게 친해질 수 있기 때문이다. 혼자끼리는 소통이 더디다. 사진도 보여 줘 가면서 놀면 자연스러운 사진을 찍을 수 있거나, 어쩌다 생각지도 못한 멋진 사진을 만나기도 한다. 어차피 여행은 뜻하지 않은 우연을 만나는 거니까….

그렇듯, 여행 사진은 사진 밖의 이야기를 더 많이 생각나게 하거나 아쉬웠던 서로의 눈길을 기억하게 만들기도 한다. 얼떨결에 찍은 사진 한 장, 오롯이 남은 단 한 장의 사진으로 모든 것을 말할 수 있어야 좋은 사진이라면 이런 사진은 사진 축에도 끼지 못한다. 한 장을 찍더라도 어느 타이밍에 셔터를 눌러야 가장 오래 기억하게 될지에 대해 미처 생각하지 못한다.

이제야 그리운 낯선 눈빛들, 나도 여행 초반이라 서툴긴 마찬가지였단다, 꼬마야!

Riad Assakina
20m

17

여덟 개의 문을 가진 도시

무어 족(Moors族) 시대에 베르베르 족(Berber族) 왕조인 알모라비드 (al-Moravaids) 왕조가 건설했다고 하는 마라케시(Marrakech), 많은 모로코 여행자들은 마라케시에서 여행을 시작한다.

대부분 여행사를 통한 모로코 여행자들은 카사블랑카(Casablanca)의 모하메드 공항에 도착하자마자 마라케시를 향해 달려간다. 모로코를 제대로 보려면 마라케시에서 시작해야 한다는 듯이. 그러니까 카사블랑카가 모로코의 문이라면 그 안이 마라케시라고 해야 맞을 듯하다. 마라케시는 도시 주변에 밥(Bab)이라 불리는 여덟 개의 문이 있고 사람들은 모두 그 안에서 생활을 한다. 성 안에는 메디나 (Medina, 옛 도시)가 있고, 수크(Sūq, 전통 시장)가 있고 그곳에 진정한 모로코의 역사가 있다.

부르카(burka)를 쓴 여인

모로코를 남북으로 나눠서 볼 때 북부 쪽에는 아랍계의 사람이 많은 반면에 남부 쪽은 베르베르 인(Berber人)이 많은데, 마라케시(Marrakech)는 그 중간쯤으로 지역적 특성에 따라 다양한 인종들이 모여서 살고 있고, 옛 도시의 낭만과 영화(榮華)를 엿볼 수 있다.

많은 여행자들이 주로 구(舊) 도심에서 여행을 즐기는데, 볼거리도 많거니와 모로칸(Moroccan)의 삶을 그곳에서 볼 수 있기 때문이다. 호텔에서 알려 준 바로는 이쪽은 신(新)도시로 구 도심 쪽으로 가려면 택시를 타라고 한다. 그러나 우리는 주로 걸어다녔다. 여행 내내 이 도시 저 도시를 계속 걸었다. 발에 물집이 잡히면 사진에도 딱지가 앉겠지 하는 마음으로. 잡힌 물집을 달고 돌아다니는 것도 자유 여행의 맛이니까…. 또 시간이 지나 사진을 보면 그때 여행에 얼마나 충실했는지 알 수 있으므로.

19

붉은 진주를 보았는가?

붉은 진주를 보았는가?

나는 단 한 번도 진주가 붉다는 말은 들어 보지 못했다. 본 적도 없다. 그런데 마라케시(Marrakech)는 특이하게도 '붉은 진주'라는 별명을 지녔다. 붉은 성벽 때문이다. 붉은 담이 신기했던지 마라케시 사진의 대부분이 붉은 담벼락과 담 아래서 사는 사람들 사진이다.

온통 붉은 담만 찍었다. 그렇다면 내 사진은 얼마나 붉게 물들었을까?

현지인 따라 하기

온종일 걸었다. 마을을 걸었고, 시장통을 헤매며 사람들을 따라 걸었다. 목적지를 정하지 않고 무작정 사람을 따라 걸어 보는 것, 걸으며 내 관심보다 그 사람의 관심을 쫓아가 보는 것도 재미있다.

어떤 이는 집으로 돌아가고, 어떤 이는 시장통에서 물건을 사기 위해 사소한 흥정을 하기 시작한다. 살피다가 마음에 드는 것이 있으면 그 사람이 낸 돈 만큼의 금액을 꺼내 들고 흥정에 끼어든다. 재수가 좋으면 그 사람이 내 물건도 흥정해 줄 것이다. 여행자가 그 사람들 속으로 들어가기 위한 좋은 방법이다.

현지인을 따라 하다 보면 그들이 즐겨 먹는 음식을 아주 싼값에 먹을 수도 있다. 어차피 그들이 사는 모습을 보기 위해 오지 않았는가. 현지 밀착형 여행법이다. 잠시 모로칸을 흉내 내 보라. 그리고 잊지 말 것은 얼른 뒤를 이어 사진 한 장 찍자고 작업을 걸 것!

الانتخابات التشريعية
اقتراع يوم الجمعة 25 نونبر 2011
الدائرة الانتخابية التشريعية 01: المدية
سيدي يوسف بن علي

21

모로코적인 풍경

가끔 모로코 냄새가 폴폴 나는 풍경 옆에서 한 권의 책을 읽는 맛,
괜찮겠다. 건너편 사원에서 기도를 알리는 아잔(azan) 소리가 들리면
한번 건너가기도 하고 다시 와서 책을 읽으면서 모로코 풍경으로 사
는 것도 괜찮겠다. 하루 다섯 번의 기도를 알리는 아잔은 이 사람이
지닌 유일한 시계가 되겠다.

"지금 몇 시나 됐나요?"
"난 오늘 기도 세 번 했는데요?"

그렇다면 늦은 오후란 말이다. 일몰 직후에 한 번 더 아잔을 듣게 될
것이고, 아마도 마지막 아잔을 들으며 잠을 청할 것이다.

나서면 모두 애국자가 된다

도시는 성 안의 사람과 성 밖의 사람으로 구분되는데 카스바(Casbah)라고 불리는 왕궁 지역에는 말 그대로 '있는 사람'이 살고, 성 밖 멜리야(Melilla) 지역은 서민들이 사는 지역이다.

사진에 LG가 보인다. 반갑다! 이제 세계 어딜 가나 삼성, 엘지, 현대, 대우 등의 광고판이 많이 보인다. 도로에는 현대차나 기아차가 씽씽 달린다. 그런데 현지인들 대부분은 우리의 대표적인 브랜드와 '코리아'를 연결 짓지 못한다. 삼성을 일본 회사로 아는 사람도 많다. 그리고 노골적으로 현대를 '훈다이'라고 발음한다.

"말도 안 돼!"

"누구한테 배웠는데?" "재빼."

"현대는 코리아야." − 갸우뚱 −

"따라 해 봐, 현! 대!" "훈, 다, 이!"

"내가 미쳐!"

여행 가면 모두 애국자가 된다.

23

행운의 숫자 '5'

여기서는 헤어질 때, 잘 지내고 다음에 또 보자며 상대방의 어깨나 가슴을 한 번 툭 치는, '잘 가라'는 뜻의 특이한 인사법이 있다.

"또 보자!"

"그리고 기억해, 네 안에 나 있다?"라는 듯이….

손바닥으로 친구의 가슴을 툭툭 친다. 대문에도 손바닥 모양의 문고리를 걸어 놓는다. 우리나라에서 '4'의 의미가 '죽을 死'라고 하여 잘 쓰지 않는 것처럼, 모로코에서는 반면에 행운의 숫자로 '5'를 쓴다. 5라는 숫자가 귀신을 쫓아내는 상징적인 의미를 지녔다고 믿는 모양이다.

길을 잃어도 좋다

누구나 한번쯤 간다고 하는 쿠투비아(Koutoubia) 사원. 남들이 기념으로 찍어 오는 사원 사진은 제쳐 두고 엉뚱하게 사원 건너편에 지나가는 사람을 찍는다. 물어물어 찾아와서는 엉뚱한 것만 찍으며 논다. 그러나 상관없다. 나는 이미 쿠투비아 사원을 한 컷 찍었으며, 그것은 혹시 길을 잃었을 때 사용하면 되니까.

쿠투비아 사원은 도시 어디서나 보이는 땅의 등대 격이다. 모두 그곳을 나침반으로 삼는다. 길을 잃으면 이곳으로 다시 오면 그만이다. 그리고 모든 목적지를 여기서부터 다시 시작하면 된다.

지도를 보니 이곳에서 바히아(Bahia) 사원은 위쪽이다. 그런데 찾아가다가 우리는 다른 골목에 눈을 팔고 말았다. 그러다가 우리는 또 길을 잃었고, 결국 바히아 사원에 입장할 시간을 놓쳐 버렸다. 흔히 관광지라고 하는 곳을 꼭 보려면 계획을 잘 짜야지만이 시간 낭비를 하지 않는다. 뿐만 아니라 관광 명소라고 하는 곳은 꼭 기억해 두어야 하는데, 이는 현지에서 길을 잃었을 때 물어물어 찾아오면 거기서부터 다시 시작할 수 있기 때문이다. 모든 지도에 나와 있는 곳이니까.

여행이란 때때로 길을 잃고 다시 길을 찾아가는 과정의 되풀이다. 우리네 삶 또한 그렇지 않은가. 수없이 길을 잃고 헤매다 도무지 캄캄하여 방법이 없을 때는 차라리 완벽하게 길을 잃자. 길은 어디에나 있으며 모든 곳으로 데려다 줄 준비를 하고 있지 않은가.

혹시 아나, 길이 오늘 그 답을 줄지….

25

여 행 사 진

여행 사진을 보고 싶어 하는 사람들은 사진 속에 여행지에 대한 더 많은 이야기가 담겨져 있고 쏟아지길 기대한다. 다행히 여행을 할 때면 여권 다음으로 카메라를 잘 챙기는 편이라, 사진을 들춰 가며 일정이나 저간의 행적을 얘기하라면 이야깃거리는 그럭저럭 풀어낼 수 있다. 이야기가 많은 여행일수록 마음 놓고 그들과 소통하고 왔다는 말이겠다.

여행이란 내가 상대와 말을 트고 마음을 통하는 과정이고, 남겨진 사진은 내 마음과 여행지가 제대로 교감했다는 증명이니까. 그래서 마음 놓고 촬영할 수 없는 공적인 방문이라면 여행이 금세 시들해지고 마는 것인지도 모른다.

بائع رسمي
اتصالات المغرب

맥주 한 병만 주실래요?

이곳 마라케시(Marrakech)에서 사람들이 가장 많이 모이는 곳은 제마 엘프나(Djemaa el Fna) 광장이다. 지리적으로도 가장 중심에 위치해 있으며 사방으로 나가는 통로가 서로 연결되어 있다. 여행자들이 여기서 어디로 갈 것인지 잠시 갈등하며 서성일 때, 모로코 사람들은 광장을 통해 수크(Sūq)로 가거나 사원으로 예배를 보러 간다.

머무르는 사람은 여행자이고 자나가는 사람은 현지인이다. 그러다 보니 반은 관광객, 반은 현지인이다. 왁자지껄 매일매일 축제를 하는 것 같다. 모로코의 도시는 대개 광장을 중심으로 거의 방사형으로 이루어져 있는데, 이렇듯 광장은 모로코인의 삶에서 중요한 한 부분을 차지한다. 사람이 사람을 구경하는 것이 여행에서 가장 재미있는 것 같다. 하여 광장의 옥상 발코니에서 한나절을 보냈다.

해가 질 무렵에는 어디선가 갑자기 우루루 간이 이동식 상가들이 전차를 끌듯 몰려드는데 그 모습이 장관이다. 뚝딱 10분이면 설치가 끝난다. 그리고 광장은 관광객들로 메워진다.

하지만 이렇듯 사람들로 북적대는 이 광장도 한때는 공개 처형장으로 쓰였다고 한다. 가장 사람이 많이 모이는 곳에서 율법을 어긴 사람을 처형했다고? 무서운 법을 가진 나라이다. 이슬람은 '율법(律法)'을 중요시하는 종교이다. 이슬람 국가 중에 실제로 강력한 율법이 적용되는 나라는 그다지 많지 않다고는 하나, 사람이 많이 모이는 곳을 처형장 삼아 엄격한 형벌을 내렸다는 걸 보면 모로코는 아마도 강력한 율법이 적용되던 이슬람 국가였던 것 같다.

얼마 전에 어느 나라에선가 카다피(Gaddafi)에게 강간을 당한 세 딸을 스스로 처벌한 아버지가 있었다는 기사를 본 적이 있다. 아버지의 행위에 대해 잘한 것인지 못한 것인지에 대한 논란이 일었었다. 또 모로코에서 강간당한 16살짜리 딸을 강간한 사람에게 시집을 보냈다는 기사를 본 적도 있다. 일부다처제(一夫多妻制)가 허용되는 모로코에서는 강간으로 처벌을 받게 되었을 때 그 여자를 후처로 삼으면 벌이 없어진다고 한다. 강간범과 결혼한 16살 소녀는 핍박과 굴욕을 이기지 못하고 결국 자살을 해서 사회문제가 된 적이 있었다고 한다.

율법이란 것이 사람을 중심으로 하는 법인지 신을 중심으로 하는 법인지 잘 모르겠지만, 어쨌거나 이슬람 국가에는 두 개의 법이 있다고 한다. 하나는 알라가 주신 '율법(샤리아, Sharia)'이고, 또 다른 하나는 인간이 만든 '법(카눈, Kanun)'이라는 것.

'샤리아'라는 말은 '물웅덩이'나 '물웅덩이로 가는 법'이란 뜻을 지녔고 반면에 '목이 마를 때 물을 찾아가는 것'이라는 의미를 지닌 '코란

(꾸란)', 기독교나 이슬람 모두 율법이란 사람들 사이에서 질서를 이루고, 사람들 사이에 공평함과 사랑을 실현시키려는 목적을 가진 것일진대, 누구의 의지로 처형을 했을까?

광장을 돌다 목이 너무 말라 맥주 한잔 마시려고 올라간 옥상 발코니에서는 맥주를 팔지 않는다고 했다. 이후에 알았지만 모로코에서 공개적으로 술을 파는 곳은 그다지 많지 않았다. 목이 마를 때는 물을 찾아가라는 뜻의 코란을 가진 나라에서 목이 마를 때 마실 한 모금의 맥주조차 없다는 것은 무척이나 슬픈 일이다.
"목이 말라요, 맥주 한잔이 간절해요, 어떻게 안 될까요?"
아무리 사정해도 대답은 명쾌하다.
"노, 알코올!"

27

하맘 이야기

터키에는 터키탕이 있는데 이태리에는 이태리타월이 없단다. 그러나 모로코에는 다 있다. 터키탕도 있고 이태리타월도 있다. 심지어 목욕 관리사까지 있을 건 다 있다. '하맘(Hammam)'이란 곳이 그렇다. 우리나라의 공중목욕탕과 비슷한 곳으로 원한다면 마사지도 받을 수 있다.

제마 엘프나(Djemaa el Fna) 광장을 지나 수크(Sūq)로 들어가니 시장 한가운데 하맘이 있다. 반가웠다. 시장통에 목간통이라! 우리네 정서와 일맥상통하는 유일한 곳이 아닐까 하는 생각이 들었다.

더구나 온몸을 천으로 둘둘 말아 감추고 다니던 이곳 여인네들의 실체(?)를 제대로 볼 수 있다니 달콤한 유혹이다.

'당신과 내가 다른 것이 뭐 있겠소. 하늘 아래 다 같은 사람일 텐데, 보자고요, 왜 감추고 다니는지,' 그러나 하맘 앞에서 잠시 망설였다.

해 지기 전에 바히아(Bahia) 사원을 볼 것인가, 하맘에서 목욕을 할 것인가. 그러다가 '하맘은 오늘이 아니더라도 어디서건 또 만날 수

Hammam

Femme
Hammam

있지 않을까?' 하고 돌아섰는데, 그러나 그 이후 끝내 하맘에 가지 못했다.

여행은 때때로 이처럼 선택의 순간이 온다. 그 순간을 놓치면 영영 기회를 잃어버리는 수가 많다. 널널하게 시간이 많은 여행자가 아닐 때는 취할 수 있는 것보다 포기해야 하는 것이 더 많다. 그래서 제대로 여행을 했다고 하기에는 부끄러운 것인지도 모른다. 그저 훑고 또 훑는 풍경들, 다시 간다면 꼭 해 보아야 할 것 중에 영순위가 하맘에 가는 것이다.

오아시스에 피는 꽃

오아시스의 삶은 알록달록하다.

꽃이 피고 향기를 지녔다.

모로코의 꽃은 오아시스에만 피는가,

꽃은 아름다운 사람이 사는 곳에만 피기 때문이다.

골목 안이 때때로 궁금하다

여행을 좀 했다고 하면 최소 3개월쯤, 어떤 이들은 1년을 훌쩍 넘기며 이 나라 저 나라로, 나라별 국경을 마치 이웃집처럼 넘나든다. 가끔은 그렇게 오래도록 현지인과 가족처럼 지내고 온 사람들이 솔직히 부럽다. 이야깃거리도 무궁무진하고 사진도 어마어마할 것이라는 생각이 든다. 더불어 여행하는 이유 또한 다양할 것이다.

그러나 의외로 여행을 오래 한 사람은 여행이 어땠느냐고 물으면 대답이 무척이나 간단한 경우가 많다. "사람 사는 거 다 그렇죠, 뭐." 참 싱거운 대답이다. 사진도 생각과 달리 별반 없다. 아니 나의 여행 친구 중에는 아예 카메라조차도 짐이라고 여기며 가져가지 않는 친구도 있다. "그리우면 어떡해?"라는 물음에 너무도 쉽게, "그리우면 또 가지 뭐."였다. 그러니 오히려 나 같은 사람이 한 달도 못 채우고 돌아와서는 시도 때도 없이 사진을 빌미 삼아 노닥거린다. 원래 빈 수레가 요란한 법이니까…

#30

뒷골목

그곳에 내 마음을 잠시 내려놓은 적 있지,

집으로 돌아가는 터벅거리는 발자국 소리를 기억해,

저녁 빛에 뿌옇게 일어나던 먼지도 기억해,

그대 오늘 하루 잘 살았는지,

그렇다면 한평생을 잘 살 거야

빛들의 수다가 있는 곳

빛은 언제나 따스한 마음을 지녔다.
그래서 어둠 쪽에서 빛을 바라볼 때,
사람들은 그때서야 안도한다.
빛 아래서 수런거리는 빛들의 수다를 듣는다.
함께 수다를 떨기도 한다.
사진 속 골목은 언제나 수선스럽다.

붉음의 깊이를 보다

사진에는 노출 보정 장치가 있다. 마이너스로 노출값을 떨어뜨리면 붉음이 더욱 붉어진다. 한 단씩 내릴 때마다 붉음의 색이 달라진다. 그제서야 붉음이라는 단어 하나에 이렇게 많은 색의 붉음이 존재하는지를 알게 된다.

인생에도 여러 종류의 붉음이 있다면, 내 인생은 마이너스 몇 스텝까지 내려가야 이런 붉음을 만날 수 있는 것일까? 내려가 본 사람만이 여러 가지 색을 만날 수 있는 거라고, 여행은 때때로 더 내려가라고 충동질한다.

붉음의 깊이에 빠져 보라며 저녁은 오고 있다.

밥 아그노

사진을 핑계로 새벽을 본다는 것, 사진 자체보다 사진 때문에 만날 수 있는 모든 인연으로 인해 여행은 풍성해진다. 이렇듯 내 추억은 사진이 만들어 준다.

마라케시(Marrakech)를 떠나기 전 새벽 5시가 조금 넘었을 즈음에 전날 보려다가 놓쳤던 아그노 문(門)을 보러 갔다. 가장 남쪽의 문이다. 여기서는 문을 '밥(Bab)'이라 부르는데, 이 문의 이름은 밥 아그노(Bab Agnou)라고 부른다.

둥근 문 안에 사람이 산다.

사람에게 가기 위해서는 둥근 문을 지나야 한다.

왜 모로코의 문은 모두 둥근가,

둥근 문은 무엇을 의미할까?

더 두고 깊이 생각해 보아야 할 숙제가 생긴다.

34

로열 팰리스 에피소드

모로코에 질리게 한, 죽어도 잊지 못할 사건을 하나 만났다. 밥 아그노에서 새벽 촬영을 잘 하고 나오다가 건너편에 있는 로열 팰리스(Royal Palace)를 보았던 것이다. 지도에서는 밥 아그노와 로열 팰리스가 멀리 떨어져 있는 줄 알았는데 바로 앞이라니! 팰리스는 페스(Fes)에서나 기회가 되면 볼 참이라고 생각했는데 말이다.

왕이 산다는, 아니 모로코에는 도시마다 왕이 방문할 때마다 머무는 궁이 하나씩 있다는데, 이곳이 '마라케시 로열 팰리스'라니, 우리는 신이 나서 팰리스를 찍었다. 그런데 그게 큰 화근이 되었다. 모로코에선 어디에서나 로열 팰리스 촬영이 모두 금지되어 있다는 거다. 알 턱이 있나! 초소에서 경비를 보던 경찰과 찍은 사진 때문에 언쟁이 시작되었다. 찍으면 안 되니까 지우라고 명령을 한다. 왜 찍으면 안 되는 것인지에 대해 이해가 되지 않았던 탓에 언쟁은 더 심해졌다. 그것이 여기서는 법이란다.

처음에는 찍은 것을 지우라고 했다. 몇 번의 실랑이를 하는 동안 벽도 안 된다고, 그 다음은 가로등도 지우라고, 그런 와중에 동생이 나를 끌고 가는 경찰을 찍었던 것이 경찰의 화를 더욱 돋웠다.

동생은 단지 우리가 부당하게 당한다고 생각하는 부분에 대해, 혹시나 차후에 제출할 일이 생길 수도 있으니 기록이 필요하다고 생각했었단다. 사진이 그 증명이니까. 사진 하는 사람으로서 당연히 할 수 있는 생각이었다. 그 사진들은 건물과 상관없으니 뭐 어쩌랴 했었단다. 그것이 사태를 더 악화시켰다. 경찰서로 가자면서 언성은 점점 커져 갔다.

"아랍어를 아느냐?"

"모른다."

"프랑스어를 아느냐?"

"모른다."

"그럼 영어를 할 수 있는가?"

"영어도 할 줄 모른다. 나는 오로지 한국말밖에는 할 수 있는 게 없다." (우습게도 이 대화는 모두 영어로 진행되었다.) 언성이 더욱 커지고 있었다.

흥분한 경찰은 급기야 동생 카메라의 액정 화면을 주먹으로 내리쳤다. 그제야 급박한 사태를 파악한 우리는 싹싹 빌기 시작했다. 순전히 카메라를 살리기 위해서였다. 그리고 그날 아침의 아그노 촬영 부분을 모두 지우는 것으로 사태가 겨우 마무리되었다. 어쨌거나 실랑이 끝에 풀려나 돌아 나오면서 귀퉁이를 멀리서 또 한 컷 찍었다.

그 와중에도 분해서(?) 한 컷을 찍은 것이다.

그런 기분에 사진을 찍다니 얼마나 웃기는 짓인가? 하지만 끌려갈 뻔한 사건에 대한 이보다 더 훌륭한 기념사진이 어디 있겠는가? 그리고는 튀었다. 돌아와 보니 지워지지 않은 사진 한 장이 파일에 더 남겨져 있었다.

호되게 엄격한 제지를 당한 후에야 왕궁은 찍으면 안 된다는 모로코의 특이한 법을 또 하나 배웠다. 그러나 이 사건을 빌미로 이날 이후 사진 찍는 것을 즐기기는커녕 계속 스트레스를 받게 되었다.

모로코에서는 왕권에 대한, 뿐만 아니라 정치나 종교에 대해서조차 인정하고 이해해야지만이 여행이 가능하다는 무언의 사인 하나를 확실하게 배운 셈이다. 로마에 가면 로마의 법을 따라야 하듯이 어느 나라건 그 나라가 원하는 여행자의 수칙이 있게 마련이다. 그것을 지켜 주는 것이 예의이고 여행을 편하게 하는 법이다. 또한 그것이 곧 그 나라의 문화라는 것이다. 그러나 우리는 종종 그 무언의 약속을 깬다. 사진을 욕심내는 그놈의 마음 때문에.

그런 측면이라면 목숨 걸고 사진을 찍어 남기던 종군작가들에게 경의를 표해야 한다. 얼마나 많은 순간순간의 현장에 대해 목숨을 담보로 사진과 흥정을 했을까? 반면에 우리는 흥정이 아닌 시비로 얼마나 오그라들었던지….

사진을 다 날리고 씩씩거리며 돌아오는데 옆에 있던 동생이 어록(?)

을 하나 남긴다.

"사진은 현장성이 생명이자너!"

그래 충분히 사진 하는 사람답다.

"언니가 끌려가면 경찰서나 대사관에 그 사진을 증거로 보여 주려고 남겨야겠다는 생각을 한 거지."

"야, 그 사람이 경찰이라잖어."

"그래, 하긴, 그 남자가 오죽 답답하면 고함을 쳤을까?"

"I'm police!!?"

"I'm photographer!!!"

우리도 소리를 쳤었지.

"우리가 너희네 아름다운 모로코를 찍어 주겠다는데 도대체 왜 싫은 거니?"

들고양이여, 안녕!

이제 마라케시(Marrakech)를 떠난다.

들고양이여, 안녕!

이젠 사막으로 여우를 만나러 가야겠어.

사막에는 길이 없다

여행을 하는 이유

신이 하늘에 있어 하늘 가까이에 기도처를 짓는 거라면
나는 반대로 낮은 자리에서 가장 낮은 자세로 기도를 하리라.

신의 사랑으로부터 가장 먼 자리에서
내 기도가 그쪽에 닿는지를 물어보리라, 또한
사람들로부터 가장 멀리 떠나가서는
얼마나 그리운지, 나를 시험해 보리라.

37

아몬드꽃 피는 마을을 지나며

언젠가는 꽃이 필 거라고 믿는 사람만이 살 수 있는 아틀라스(Atlas) 산맥 자락. 넘다가 휙 지나가는 꽃 무리를 본다.

"이리로 오세요. 이왕이면 꽃 피는 곳에 모여 살아요."

아몬드꽃이 모여 피는 곳,

아름다운 사람들이 모여 사는 자리.

고흐(Vincent van Gogh)의 '꽃 피는 아몬드나무'의 아몬드꽃만큼이나 화사하게 핀 꽃. 고흐가 그린 '아몬드꽃'은 자신의 동생 테오(Theo van Gogh)가 아들을 낳았다는 소식을 듣고 그린 그림이란다. 그의 그림 중에서는 제일 화사한, 일본풍 느낌이 나는 그림이다. 그는 동생에게 보낸 편지에 이렇게 썼다. "드디어 네가 아버지가 되다니, 아내와 아이도 어려운 고비를 넘기고 무사하다는 반가운 편지를 받았다. 그 소식은 말로 다할 수 없는 기쁨이란다. 브라보!"

생전에 고흐가 그렇게 신나게 자신을 표현한 적이 또 있을까?

꽃은 무리 지어 피어야 제맛이다. 사람도 모여 살아야 제맛이다.
고흐는 결국 끝내는 외로웠다. 아틀라스 산맥은 황량했다.

#38

아틀라스 산맥을 지나며

바위산에서 흙집이나 짓고 살면서
한 세기쯤 더 견뎌야 할 것이다.
신화는 풍경처럼 지나가고
딱히 표현할 방법이 없자 그 순간,
윤회(輪廻)는 한 바퀴 더 돌았다.

39

신화 같은 풍경

아틀라스(Atlas) 산맥을 넘으면서 사람을 돌로 만들어 버리는 힘을
가진 영웅 페르세우스(Perseus)가 아틀라스를 벌주기 위해 바위산으
로 만들었다는 한 편의 신화 같은 풍경을 만날 수 있는데, 마침 정상
에서 아틀라스의 후예로 살고 있는 것 같은 사람을 만났다.(호메로스
의 작품에서 보면 아틀라스는 하늘과 땅 사이를 받치며 기둥처럼 버티고 있
는 존재로 그려진다.)

아니, 아직까지도 하늘을 받치고 있는 걸까? 그들은 돌기둥을 부숴
돌조각을 팔면서 살고 있는 듯하다.

기둥이 다 닳아질 때까지 그럴 참인가. 그렇지 않고서야….

신화를 믿는다면 이들의 삶은 얼마나 신화적인가!

오아시스와 오아시스의 사이

오아시스와 오아시스의 사이는 사람과 사람 사이라는 뜻과 통한다.
그러니까 사막과 사막 사이에는 사람이 모여 산다고 보면 된다. 그
곳에 철 따라 간신히 꽃이 핀다.

그리고 사막을 지키는 신에게서 꽃이라 불리는 시계 하나를 얻어 산
다. 그들이 기도할 수밖에 없는 이유가 너무 분명해진다. 기도하는
사람들 곁에서만 피는 꽃,

'올해도 작년만큼만 꽃피게 하소서!'

산은 험준했으며 산맥을 넘자 또 다른 오아시스를 만난다.

41

영화 같은 풍경을 지나

아이트벤하두(Ait-Ben-Haddou)를 가기 전 한 마을을 만났는데, 영화의 한 장면 같다. 거대한 영화 세트장 같다. 그런 까닭에 많은 영화 제작자들이 실제로 이곳에 와서 영화를 만든다고 한다. 그래서인지 아이트벤하두 카스바(Casbah)가 마치 필름 속에 들어 있는 듯하다. 진정 영화 같은 풍경이다.

'하두 집안의 성'이라는 뜻을 가진 아이트벤하두, 유네스코 문화유산으로 지정된 거대한 하두의 성을 멀리서 본 풍경이다. 이곳을 들르는 많은 사람들은 대부분 영화처럼 기억할 것이다. 마치 영화의 한 장면처럼, 그리고 언젠가는 아련해질 것이다.

아이트벤하두 카스바

가수 윤희상은 '카스바의 여인'인가 하는 노래를 참 간드러지게 불렀었다. 그 카스바가 이 카스바였던가? '카스바(Casbah)'란 마을 공동체로 이루어진 성채(城砦)이다. 한때 이곳에 성주(城主)와 그의 식솔들이 어우러져 살았었다. 지금도 사람들은 살고 있으나 성주는 없다. 이제는 관광객들을 상대로 먹고사는 예의 민속촌 같은 곳으로 변했다.

영화 촬영 장소가 되기도 한다. 이곳에서 '글래디에이터'와 '아라비안 로렌스' 같은 영화가 촬영되었으며, 성채 아래에는 영화 세트장이 보인다. 입장료를 10디르함을 받는데, 우리 돈으로 치면 고작 1500원도 안 되는 돈이다. 문화유산으로 지정된 관광 명소인데 비해 입장료가 너무 싸다.

바가지가 없다는 것은 아직 사람들이 순수하다는 얘기일지도 모른다. 이러한 훌륭한 관광자원과 문화 콘텐츠를 갖고 있으면서 아직 활용할 줄을 모르니 그저 안타까울 뿐이다. 아마도 우리는 100디르함을 받는다고 해도 들어갔을 텐데 말이다.

이 안에 황토로 지어진 멋진 호텔이 하나 있다. 찜질방에서나 볼 수 있는 황토방이 수두룩하다. 이들에게 흙덩어리가 언젠가는 돈덩어리가 될 날이 오리라 믿는다.

43

오리지널 황토방이 있는 테비 호텔

모로코 사람들은 신뢰를 중요시한다. 거짓말을 하지 않는 편이다. 100디르함 달라고 했다가 목적지에 도착해서 200디르함이라고 사기 치지 않는다. 처음에 흥정한 것을 지키는 편이다. 아마도 율법에 영향을 받은 것으로 생각된다.

에피소드가 있었다. 아이트벤하두(Ait-Ben-Haddou) 카스바에는 '테비'라는 호텔이 하나 있는데, 호텔을 구경하러 들어갔다가 동생이 호텔이 너무 예쁘다고 다음에도 오고 싶다는 말을 주인에게 건넸다. 동생이 예뻐 보였던지 뜬금없이 결혼은 했느냐고 물었다. 동생은 '미스'라고 농담을 했다. 주인은 동생에 한해서 다시 오면 하룻밤을 공짜로 재워 주겠다는 응수를 건넨다. 대신에 증거물로 자신과 찍은 사진을 꼭 가져오라고 한다. 무슬림들은 절대 결혼한 여자에게는 농을 하지 않는다. 그래서인지 나는 결혼을 했으므로 안 된다는 것이다. 역시 분명한 구별이다.

당신도 한국에 한번 놀러 오지 않겠냐는 물음에 그는 한국은 너무

멀다며 말꼬리를 흐렸다. 그래, 아무리 생각해도 너무 멀다. 농담 같은, 다시 오라던 약속 또한 그 기약이 너무 멀다.

44

지나가는 도시, 와르자자트

와르자자트(Ouarzazate)에서 만나는 모든 풍경은 마치 영화의 한 장면들이다. 나도 영화 속으로 잠시 들어가 앉는다. 잠시 들르는 여행자 모두는 '지나가는 사람 1이거나 2'이다. 사연 많은 인생살이에서도 우리는 잠시 들르는 지나가는 사람에 불과할 뿐, 그리하여 알고 보면 우리네 삶은 그 자체가 세트장이고 소품이다.

모로코에는 가장 오래된 관광객용 카스바 호텔이 여러 개 있다고 한다. 아틀라스(Atlas) 산맥에서 흘러 내려온 물로 인해 산맥 주위에 오아시스가 생기고 마을이 생겨난 것이다. 예전의 와르자자트는 북부 모로코와 유럽을 오가는 아프리카 상인을 위한 작은 거점 도시이자 오아시스.

그래서 어쩌면 이들에게는 풀 한 포기 나지 않는 돌산도 더 소중한 것일지도 모르겠다. 시간이 많다면 이런 곳에서 한 달쯤 살아 보는 것도 좋겠다.

근처에 아틀라스 필름 스튜디오(Atlas Film Studios)도 있고 영화 박물

관도 있다는데, 그곳이나 하릴없이 들락거리면서…. 어차피 흐르는 인생에서 나의 존재가 지나가는 사람에 불과하다면 어디를 지나가든 상관없지 않은가.

#45

물을 부어 놓을까요?

99%의 국민이 이슬람교를 믿는 국가, 모로코에서 기독교의 흔적을 만난다는 것은 흥미로운 일이다. 믿음의 방법과 기도의 방법만 다를 뿐, 신을 향한 삶의 방식은 거의 비슷할 것 같다. 아이트벤하두(Ait-Ben-Haddou)에서 만난 그릇에서 문득 예수님의 첫 기적의 포도주를 생각한다.

아마도 얼핏 어느 그림에서 이런 그릇으로 포도주를 나누어 마시던 것을 보았던 탓일 게다. 당시 유대인들은 혼인 잔치에서 포도주를 대접하는 것이 관례였다고 한다. 혼인 잔치에 간 예수와 제자들이 자리에서 함께 나누어 마시던 포도주가 떨어졌다. 어머니 마리아는 아들 예수에게 떨어진 포도주를 해결하도록 일렀다. 예수는 하인들에게 여섯 개의 항아리를 가져와 물을 붓게 했다. 신기하게도 물이 모두 포도주로 바뀐다. 요한복음에 나오는 이야기이다. 물이 담겼던 그릇, 아니 포도주가 담겼던 여섯 개의 그릇으로 기적을 보여 준 것이다.

먼 이슬람의 땅에서 예수님의 첫 기적을 생각하다니 신통할 뿐이다. 살아남는 것이 기적일 것 같은 아틀라스(Atlas) 산맥의 허리에서, 왜 하나님은 번번이 기적을 행할 수밖에 없었는지 그 의문이 풀리는 듯하다.

가까이에 가서 물병을 안아 보았다.
"모로코를 위해 물을 부어 놓을까요?"

46

영화(映畵) 같은 영화(榮華)를 만드는 스튜디오

운전을 겸해 우리를 안내하던 가이드가 이곳이 유명하다고, 꼭 보고 가야 한다며 차를 세웠다. 그리고는 20분 후에 출발하면 되겠냐고 묻는다. 아니 20분이면 충분할 것이라는 것을 이 사람은 이미 경험에 의해 알고 있는 것이다. '마라케시(Marrakech)를 출발해서 아틀라스(Atlas) 산맥을 넘고 적당하게 아이트벤하두(Ait-Ben-Haddou)쯤에서 밥을 먹인다'는 생각이 이 사람의 계획에 있었을 것이다. 그리고는 와르자자트(Ouarzazate)에서 한 번 세워 기념사진을 찍게 한 후 잠시 아틀라스 필름 스튜디오를 들어갈까를 예의상 물어 준다. 묻는다기보다 이는, '다른 사람은 이곳을 꼭 들리던데요?' 하는 그 사람만의 무언의 안내 방식인 것이다.

아이트벤하두를 거쳐 토드라 계곡과 장미 정원을 갈 수 있다는 여행사의 일정에 의해 적당하게 분배된 시간표, 한국 사람이건 미국 사람이건 비슷한 루트를 통해 지나가고 들르게 된다. 서울에 관광 가면 경복궁이 필수이듯, 도착하기로 한 호텔에서 여섯 시에 체크인할

때까지 자유 여행이니 여행자 마음대로 '적당히 하라'고는 하지만 도시와 도시를 이동하는 중에는 이미 계획된 노선이 있는 것이다. 우리가 예정지가 아닌 중간쯤에서 사진을 찍겠으니 차를 세워 달라는 주문을 해서 다음 코스인 장미 정원은 그냥 통과한 것처럼, 가이드가 베푼(?) 아주 작은 편의로 인해 그 사람에게 "내 책임이 아니야." 하는 당당한 투정을 들어야만 한다.

우리는 이런 코스보다 마을로 들어가 마을 사람들과 한나절쯤 사진이나 찍고 놀면 우리가 원하는 사진을 얻을 수 있을 텐데, 하는 아쉬움을 나타내지만 안내를 맡은 아랍계 청년은 단 한마디 영어도 못하고 우리 역시 단 한마디의 아랍어를 하지 못하는 상황인지라, 원하는 바를 소통하기에는 완전 불가능이다. 여행에서 그 지역 사람들과 의사소통을 할 수 있는 언어를 구사한다는 것은 여행을 10배쯤 즐겁게 하거나 아주 다양한 경험을 할 수 있게 한다. 그에 비해 귀머거리와 벙어리가 할 수 있는 것은 눈치 보는 것밖에 없으니 말이다. 그렇게 어쩔 수 없이 안내 받은 아틀라스 필름 스튜디오, 이곳은 그냥 지나쳐도 괜찮았겠다. 그러나 원했든 그렇지 않든 잘 지어진 거대한 영화 세트장으로 왔으며 사진까지 찍었으니 나는 무엇을 보았다고 말해야만 한다. 남들처럼, 이곳은 '모로코의 할리우드라고 불리며 나일강, 쿤둔, 블랙호크 다운, 알렉산더 대왕, 바벨, 스타워즈 등 우리가 알고 있는 굵직한 블록버스터 영화가 여기서 만들어졌다'는 둥, 남의 블로그나 카페에서 알아낸 정보를 따라 읊을 것인가? 한 컷이면 딱 족한 풍경이다.

47

토드라(Todra) 계곡을 지나

모로코 국기에 그려진 초록별이 이 땅에 떨어진 거라면 틀림없이 여기쯤이겠다. 여섯 개의 별이 떨어졌는데 국기에 그려진 것처럼 아직 한 개밖에 찾지 못한 거라면 두어 개 쯤은 이 계곡에 박혔을 것이다. 그리고 두세 개쯤은 사막으로 날아갔다고 생각하면 될 것이다.

그래서 별을 생각하며 모로코로 가는지도 모르겠다. 계곡에서 별을 찾아 나선 사내 둘을 만났다.

여행이란

여행이란 제자리로 돌아온다는 것을 의미한다. 하루가 되건 일 년이 되건 나의 집을 떠났다가 반드시 제자리로 돌아오는 것을 원칙으로 한다.

그런 원칙을 전제로 하지 않는다면 어쩌면 사막으로 떠난다는 것은 위험천만한 일인지도 모른다. 돌아오지 못한다면 사막이란 영원히 환상일 테니까….

아틀라스 풍경

저 혼자 산이 되었다가, 바다가 되었다가….
그러는 사이 윤회는 얼마나 헛바퀴 돌았을 것인가.

*한때 대서양과 아틀라스 산맥은 한 덩어리였다가 융기 작용에 의해 둘로
나뉘었다.

사람이 있는 풍경

차를 빌려 일정대로 움직이는 여행의 대부분은 시간 안에 가야 할 목적지가 같기 때문에 그 사진들이 비슷하다. 비슷한 시간대, 같은 장소, 엇비슷한 배경, 누구의 사진이든 닮을 수밖에 없다. 가이드를 맡은 사람이 "이곳이 유명해, 여기서 찍으면 사진이 근사해." 하며 포토 포인트까지 일러 주기 때문이다.

일러 주는 대로 '나 여기 다녀감' 같은 사진을 낙서처럼 찍었다면, 얼른 가자는 눈치를 보낸다. 인증샷을 빨리빨리 찍기를 은근슬쩍 요구받는다. 그런 사진은 내겐 대부분 재미없다. 그러나 그때 용케 지나가는 사람이 있어 주면 상황이 달라진다. 때로는 달려가며 뒷모습까지 찍어 댄다.

풍경에 사람을 넣을 것인지 뺄 것인지는 전적으로 찍는 사람의 취향이겠지만 사람이 없는 풍경 사진이 이곳에서는 어울리지 않는다. 이에 비해 유럽의 뒷골목에서는 텅 빈 골목을 찍기 위해 사람이 빨리 지나가 주길 얼마나 기다렸던가. 여기저기 사진에 걸쳐지는 사람으

로 인해 밤은 깊어 갔었다. 그러나 이곳에서는 사람을 만나니 사진
에 힘이 생긴다. 이렇게 나에게 흡족한 근사한 기념사진이 된다.

51

오아시스의 꿈꾸는 사진관

사진 하는 사람이 사진과 연관된 풍경을 만나면 반갑기 그지없다. 모로코에서는 대중적으로 사진을 즐기는 인구가 얼마나 되는지 몰라도 '코닥'이나 '코니카'라는 간판만 봐도 반가워서 달리는 차 안에서 상점을 찍는다.

몇 년 전에 매그넘(Magnum, 국제자유보도사진작가그룹) 회원으로 활동하던 모로코의 사진가 브뤼노 바르베(Bruno Barbey)가 서울에서 전시회를 연 적이 있었다. 그가 태어나고 사랑한 모로코를 현지 작가의 시선으로 잘 표현했기에 세계를 다니며 초대 순회전을 열고 있었다. 그는 몇 장의 사진만으로도 모로코 이미지를 다 표현해 냈는데, 누구든 그의 사진을 보면 모로코에 반하기 마련이었다. 그 나라의 문화와 정서에 젖은 사람이 그 문화를 찍는 것만큼 정확한 시선이 또 있을까? 브뤼노 바르베는 사진을 통해 모로코를 알리고 싶다고 말했었다. 그런 측면으로 보면 사진작가는 애국자라고 불러도 좋겠다.

LABO PHOTO
فوطوكوبي
مختبر سجلماسة الرقمى
Konica

مكتبة وراقة
هاتف عمومي
Kodak
films piles cameras
memory card   picture card
compact flash   video
8 mm
CA
JA

그의 사진에서나 보았던 풍경의 색감을 만난다는 것이 모로코 여행
을 즐겁게 만들었다. 나도 그런 근사한 사진 찍기를 은근히 기대하
지만 그것은 언감생심(焉敢生心), 꿈도 꾸지 말아야 할 일이라는 것
도 안다. 좋은 사진이란 어쩌다 우연히 건져지는 사진이 절대 아니
라 아프게 사랑하고 깊게 들여다본 사진이라는 것, 그래야 보는 사
람에게 그 감동이 옮겨 가는 법이라는 것을 아니까….
그러기에 내 여행 사진은 보는 사람으로 하여금 충분한 공감보다도
그저 내가 본 모로코에 불과하다는 것도 안다. '내가 살아온'과 '내가
본'이 주는 엄청난 사진적 차이에 대해…. 그래도 씩씩하게 누른다.
어설프지만 내가 본 모로코 풍경.

52

우연의 사진

스스로 만족하는 사진의 대부분은 사실 언젠가 보았던 듯한 익숙한 사진들이다. 색감이 되었건 구도가 되었건 대개 우리가 이전에 학습했던 고정된 프레임에 의해 습관적으로 셔터를 누르게 되는 경우가 흔한 것으로, 자주 그 틀을 반복할 뿐이다. 고백건대 브뤼노 바르베(Bruno Barbey)가 찍은 사진 몇 장이 머릿속에 오래도록 남았기에, 나 역시도 여기에서 그런 사진을 찍고 싶어진 것 또한 사실이다.

바르베의 사진뿐이던가. 그 유명한 배병우의 소나무 사진을 흉내 내기 위해 얼마나 많은 사람들이 새벽안개를 헤치며 경주의 소나무밭으로 갔던가. 또 정월 초하룻날, 일출을 찍기 위해 수십 명의 사진작가라 불리는 사람들은 밤을 새워 가면서 자리다툼을 하기도 하지 않는가. 같은 장소에, 같은 시간에, 같은 해가 떠오르는데도 말이다. 그러다 보니 모두가 고급 사양의 카메라 갖기를 꿈꾸기도 한다. 저 사람 사진과 내 사진은 달라야 하기 때문에….

어쨌거나 적절한 배경과 적당한 모로코적 피사체가 때마침 지나가

준다 싶으면 습관적으로 셔터를 눌렀다. 감동보다는 손이 더 빠르다. 한편으로는 제아무리 근사한 사진을 내놓아도 바르베의 사진이 머릿속에 남아 있는 이상 바르베의 짝퉁밖에 될 수 없다는 것을 알지만.

'그래, 브뤼노 바르베의 사진 속에 사람이 지나가면 그것은 필연이고 내 사진 속에 사람이 지나가면 그것은 모두 우연이다.' 그렇게 자위하면서….

53

이야기가 있는 사진

이곳에서 우리는 여행하는 내내 만나지 못했던 한국인을 유일하게 한 번 만났었다. 영국에서 유학 중인 학생이었는데, 옆자리에서 들리는 한국말에 반가워 달려온 여학생은 축제 기간을 틈내 학교 친구와 여행을 왔다고 했다. 반가워서 수다를 떨다 보니 기념사진 한 장 찍지 못했다. 그러나 이 한 장의 사진에서 그 학생을 떠올린다.

이제는 많은 사람들이 여행하기가 수월해서이기도 하지만 사진 찍기가 필수가 되어, '나는 이렇게 보았다'며 출발하는 비행기부터 기내에서 주는 음식들까지 열심히 찍어서들 올린다. 부지런히 셀카를 곁들이며 여정을 그렇게 시시콜콜하게 기록하며 시작한다. 사진의 가장 위대한 기능 중에는 자신의 역사를 빠짐없이 기록하여 언제라도 기억하게 하는 일기 같은 것이 아닐까? 역설적이긴 하지만 남에게 보여 주고 싶은 일기….

내가 잘 아는 시인, 연옥 언니는 모든 여행 사진 중에 내 사진이 제일 재미있다고 언제나 나를 추어준다. 그 칭찬에 춤추며 언니에게 보여 주고 싶어서 더 열심히 찍기도 한다. 화장실 같은 시시콜콜한 것까지 찍어댄다. 화장실에 들어가 돌아서서 앞을 보고 앉아야 하는지 들어간 방향대로 앉아야 하는지 설명을 곁들이면서, 사진만으로는 설명이 안 되는 사진 밖의 에피소드에 뒤로 넘어가길 여러 차례, 사진 밖은 얼마나 더 흥미진진하던가!

그래서 종종 사진을 캐도 캐도 계속해 나오는 고구마 줄기 같다고 표현하기도 한다.

54

베르베르 청년, 하미드

열네 살 때부터 가이드를 했다고 자신 있게 말하는 이 청년은 올해 서른두 살이란다. 미루어 짐작건대, 다음 여행지 페스(Fes)에서처럼 골목 아이들이 너도나도 자기가 길을 알려 주겠다며 달려들었던 것을 기억해 보면 그도 거의 호객꾼(?) 수준부터 시작했다는 말이 되겠다. 20년 전쯤이면 유럽 사람이 태반이었을 모로코. 그때부터 가이드로 활동하며 지금까지 관광객을 상대로 베르베르 마을을 안내하고 토드라(Todra) 계곡을 안내하며 살아가고 있는 것이다. 베르베르 인(Berber人)으로 살면서 베르베르를 알리는 훌륭한 홍보 대사라 불러 줘도 괜찮겠다. 가이드가 '직업'이라고는 하지만 공식적인 가이드 비용은 정해지지 않았다. 헤어질 때 알아서 달란다. 십수 년 이 같은 생활에 이골이 나서 적당한 바가지 수법도 익혔으련만, 그는 '알아서'가 세상과의 흥정 방식이다. '비스밀라(Bismillah, 하나님의 이름으로)'에서 온 정직한 삶의 방식이고 철학이겠다.

보내 주기로 한 사진을 보내 주지 못해 내내 마음에 걸리게 한 하미

드. 끝내 보내 주지 못한 미안함으로 다시 모로코를 가야 할 것만 같은 마음이 들게 한 사람, 그러다 결국 책으로 묶어 볼 생각까지 하게 한 사람이다. "한번 들를게요." 이웃집에 놀러 간다는 약속만큼이나 친근하게 메시지를 남기고 싶다. 그 사람은 이제 어쩌다 마주친 숱한 여행자 중에 한 사람쯤이야 다 잊었겠지만, 오래 들여다보며 나 혼자 친한 척한다.

#55

환영해요, 모로코

기독교가 핍박을 받던 로마 제국 시대 시절에는 믿는 사람들끼리의 암호가 물고기였다. 물고기(Fish)를 의미하는 히브리어 '익투스(IXΘΥΣ)의 단어 하나하나를 풀어 '예수 그리스도는 하나님의 아들 구세주'의 의미로 사용했듯, 기호를 통해 기독교의 상징으로 물고기를 그려 같은 편인지를 구분했었다.

그런 것처럼 모로코에는 이런 기호가 있단다. '신의 가호가 있기를' 정도로 해석하면 적당한 좋은 의미로 통한다. 어느 마을에 도착했을 때는 '환영한다'는 의미이고, 건물에 그려져 있으면 '어서 오세요'쯤으로 해석하면 맞을 것이다.

기호학이라는 학문이 있듯이 우리는 숱한 약속의 기호를 갖는데, 기호를 읽으면 약속이 되지만 해석하지 못하면 낙서에 불과하다. 다행히 아랍어밖에 하지 못하는 가이드가 이 기호에 대해 설명을 해 주었는데 용케 알아들었다.

우리가 알았다는 듯이 건넨 말은 "인샬라!"가 전부였지만…. 이곳에서는 '인샬라(inshallah)', 이 한마디면 모든 대화가 끝난다.

고마워도 인샬라, 미안해도 인샬라!

56

사라지는 풍경

신선하게 다가오던 풍경도 자주 보면 감동이 사라진다.

낯설음이 맹맹하게 익숙해져 간다.

달리면서 툭툭 던져진 건물을 본다.

그리고 멀리 되돌아보면

점, 점, 점, 점으로 사라진다.

모든 풍경은 사라지지만

그들은 풍경 안에서 풍경으로 살아가고 있다.

그리하여 모든 삶은 풍경이 된다.

통밥이 는다

사람이 사는 집인가 빈집인가는 빨래가 걸린 집인가로 묻는 편이 낫다. 사는 정도가 어느 정도인지는 둥근 위성 안테나로 읽어 낸다. 사진에서는 그것을 기호라고 해석하지만 나는 '통밥(?)'이라고 읽는다.

사랑 타령은 사치다

황지우의 「뼈아픈 후회」라는 시에 보면 "슬프다, 내가 사랑했던 자리마다 모두 폐허다"라는 시구가 있다. 얼마나 황량한 시인가! 마침 이 풍경에서 생뚱맞게 '폐허'라는 단어를 떠올린다. 그러나 양떼들의 축사 풍경이 얼마나 따뜻한 풍경인지를 안다.

사람이건 동물이건 집을 갖는다는 것은 참으로 따스한 풍경이다. 함께 비를 피하고 바람을 피하는 거처는 더불어 살게 하는 사랑을 품는다. 잘사는가 못사는가는 순전히 내 기준이고 이들은 몇 마리의 양으로 인해 쓸쓸할 틈이 없다. 내가 너를 위해 무언가 해 줄 수 있다는 것, 온종일 양의 풀을 찾으며 행복하다.

내가 받은 환경은 최대의 축복이다. 황지우 시인이 이런 풍경 안에서 한 달쯤 산다면 뼈아픈 후회는 하지 않았을 것이라 생각해 본다. 본다는 것만으로 삶에 겸손해진다. 사랑 타령은 여기서는 사치다.

59

사막의 무덤

낙타 새끼의 무덤.

"낙타는 제 새끼가 묻힌 곳을 절대 잊지 않는 동물이다. 훗날 이곳
에 돌아와 불모루의 시신을 거둬 제대로 장사 지내자." 고대 유목민
병사들이 실제로 사용한 방법이다. 전우애가 깊었던 그들은 광활한
초원이나 사막에서 병사가 죽으면 어미 낙타가 보는 앞에서 새끼를
죽여 무덤 위에 던져 두었다. 그리고 훗날 어미 낙타를 끌고 와서 근
처에 풀어 주면 그 어미가 슬피 울부짖으며 새끼가 묻힌 장소를 정
확하게 찾아내곤 했다고 한다.

― 이병천, 『90000리』 중에서

사막에 들어가기 전에 지나다가 보았던 무덤 풍경을 내심 점찍어
두었었다. 돌아 나오다 용케 그 자리를 지나오면서 "STOP!"을 외
쳤다. 사막에서나 볼 수 있는 검은 돌무덤이다. 무덤을 향해 뛰었
다. 그러나 곧 뒤따라 달려오던 가이드도 역시 기겁을 하며 자기도

"STOP!"을 외쳤다.

촬영 불가 지역이란다. 그러거나 말거나, 내가 원하는 장면을 이미 서너 컷 누른 후였다.

"OK, 알았어! 원치 않음 그렇게 할게!"

60

사막으로 들어가다

삶이란 극서(極西)로 여행을 떠나 아무 데나 머물면서 시도 때도 없이 일몰(日沒)을 보는 일이다.

하루에 수십만 개의 별이 유성처럼 떨어지는 오아시스의 밤이 너무도 처량해서 꺼이꺼이 울기도 한다.

사막으로 걸어 들어가는 일은 언제나 목이 마르다.

#61

스카프를 사막에 두고 오다

사막 투어를 맡은 한미라는 사내는 일출(日出)을 보여 주기 위해 아침부터 부산하게 우리를 재촉했다. 불이 없는 그 사이에 새벽 막사에서 허둥지둥 나오느라 스카프를 챙겨 오지 못했다. 동생에게 빌린 스카프인데 내 부주의로 잃어버린 것이다. 동생은 선물 받은 의미 있는 거라고 안달을 했다.

루이와 미애가 쓴 여행기에 보면 타클라마칸(Taklamakan) 사막에 머물 때 그들은 사막에 자신들의 결혼반지를 던지고 왔다는 대목이 나오는데, 몇 캐럿짜리 다이아 반지라 한들 결혼반지란 결국 징표(徵標)일 뿐이라고 말한다. 또 약속의 의미로서 반지라면 사막에 던져 놓고 약속을 새기는 것도 좋다고 말한다. 반지를 끼었던 손가락을 바라보며 사막을 생각할 것이고 사막을 생각하며 굳은 약속을 생각할 것이니 말이다.

그렇지만 우리는 돌아올 때까지 사막에서 잃어버린 스카프 한 장을 내내 아까워했다. 어쩌면 우리에게 사막은 '폼'이었는지도 모른다.

#62

사막에는 길이 없다

사막에는 길이 없다.

아침이면 길이 사라진다.

그렇게 매일매일 길을 잃으며 산다.

그러나 아무도 길 잃는 것을 두려워하지 않는다.

대신 바람의 길 읽는 법을 배운다.

길을 지우는 바람을 따라가다 보면 길을 만나기 때문이다.

63

다시 만난 어린 왕자

한미라는 사내는

일출이 제일 잘 보이는 곳에 낙타를 세우고

떠오르는 시간을 적는다,

6시 58분.

매일 지는 해가 뭐라고,

매일 뜨는 해가 뭐라고,

대책 없던 그 어린 왕자 같은,

커서는 이러고 사는 모양이다.

*생텍쥐페리의 「어린 왕자」에는 소행성에서 석양을 보기 위해 의자를 마흔

네 번이나 뒤로 물린다는 대목이 나온다.

사막 여행의 끝

"이제 떠나야겠어, 길들여지기 전에 떠나야 해."
아마도 밀밭에 서 있던 여우는
어린 왕자를 향해 그렇게 중얼거렸을 게다.

여행자에게 있어서 길들여진다는 것은 좋지 않다.
여행은 세상 앞에 담담해지기 위한 훈련일 뿐이다.

시시콜콜 페스

태너리는 어디 있을까?

사람들은 페스(Fes)를 말할 때 천년의 도시라고 말하고 미로(迷路)의 도시라고도 말한다. 그만큼 매력이 있는 도시이다. 모로코의 3대 도시 중 가장 오래된 도시의 하나로, 도시 전체가 세계 문화유산으로 등재되어 있어 모로코에 가서 페스를 보지 못한다면 그것은 모로코를 보지 못했다는 말과 다름없다.

그만큼 페스의 메디나(Medina)는 모로코가 이슬람 사회로 변신한 후 약 100여 년에 걸쳐 만들어진 대표적인 중세 도시의 모습을 고스란히 간직하고 있다. 번성했던 그 시절의 건물과 골목을 그대로 간직하고 있을 뿐만 아니라, 태너리(Tannery)라 부르는 가죽 염색 공장의 염색 과정과 무두질(생가죽, 실 따위를 매만져서 부드럽게 만드는 일)을 옛 방법대로 1,000년이 넘도록 고수하고 있다니 기대가 충만했다.

위에서 내려다보는 도시는 여느 도시처럼 평범했다. 골목은 깊숙이 숨겨져 있었으며 태너리도 어디인지 도무지 알 수가 없었다. 사진에서 숱하게 본 염색 공장은 알록달록하여 금세 찾을 줄 알았다. "이

도시는 골, 목, 없, 다."라는 듯, 골목을 숨겨 두고 내놓지 않았다.
감쪽같다.

66

내가 가이드해 줄까?

가죽 염색 공장 태너리(Tannery)는 꼭 보아야 한다고 "태너리!"를 노래 부르며 골목골목을 헤매다 결국은 우리를 졸졸 따라오던 청년 가이드의 손을 빌리기로 했다. 분명 헤매다 자기를 찾을 거라는 걸 알기라도 하는 듯, 어디를 찾느냐고 자신이 안내해 주겠다고 졸졸 따라오던 터였다. 처음 작업 방식은 이러했다.

"그냥 안내만 해 줄게."

"자꾸 따라오지 마, 우리는 그냥 돌아보는 거거든?"

"가죽 가방 살 거니?"

"아니 안 살 거야."

"그럼 카펫 만드는 곳을 보고 싶지 않니?"

"아니, 그건 베르베르 마을에서 봤어."

"태너리는 봤니?"

"아니, 아직 안 봤지만 어딘지 알고 있어, 좀 있다 갈 거야."

"내가 사진 찍기 제일 좋은 곳을 안내해 줄까? 여러 집이 있는데 내
가 가장 좋은 포토 포인트를 알아."

그때부터 귀가 솔깃해지기 시작했다.
'사진'이라는 말에 맘속의 'NO'가 'YES' 쪽으로 기울기 시작했다.

"근데, 넌 얼마를 받을 거니?"
"나는 대학생이야, 학비를 벌려고 아르바이트를 하는 거거든, 100디
르함만 줄래?"
"아니 그건 너무 비싸! 20디르함만 줄게."
"그렇담 50디르함 줘."
"아니, 가이드북에 20디르함만 주면 된다고 하더라."
"그래 그럼, 한 사람당 20디르함 줘."
"아니, 둘이 합쳐 20디르함!"
"그래, 그럼. 그거라도 줘, 20디르함! 오케이!"

따라가다 보니 태너리는 아쉽게도 지척에 있었다. 그가 안내하는 가
죽 제품 가게를 통해 옥상으로 올라갔다. 그러나 올라가 보니 건너
편 건물에서 사진을 찍는 것이 더 그림이 될 것 같았다.

"나 저쪽 건물로 갈래."
"저쪽 건물은 입장료를 100디르함씩 받을걸? 둘이니까, 200디르함

내야 해."

"아니, 넘 비싸, 잘 말해서 좀 깎아 줘."

"그래 그럼, 50디르함씩 100디르함만 줘."

"오케이, 그래도 건너편까진 데려다 줘."

망설이다가 어차피 이 먼 곳까지 온 거니까 돈을 내더라도 좋은 자리에서 사진을 찍고 싶었다. 청년 가이드는 아까와는 달리 명쾌한 흥정에 신이 나 보였다. 사진 찍기에 적당치 않은 곳을 먼저 안내한 것도 작전이었을 거라는 생각이 조금 후에 들었다. 우리에게 얼른 오라며 앞서 가다가 친구인 듯한 아이에게 무어라 조근거리니 갑자기 안내자가 두세 명 더 따라붙었다. 상황이 수상했다. 우리 판단에는 100디르함을 받으면 나눠 가질 생각이란 생각이 퍼뜩 듦과 동시에 100디르함은 거짓말이라는 생각이 들었다. 우리 머리도 빠르게 회전했다. 우리도 소곤거렸다.

"이거 분명 애들이 장난치는 거 맞지?"

따라가다가 급히 수습을 해야 할 것 같았다. 그래서 따라가는 척하다가 이쯤에 옥상으로 올라가는 통로가 있겠다 싶은 어떤 가게 앞에서 안내하던 사람에게 재빠르게 대뜸 말했다.

"우리 옥상 올라가서 사진만 찍을 건데 얼마 받을래?"

"으음, 사진만? 그럼 10디르함씩 20디르함만 줘."

"오~케이!"

상황이 순식간에 변했다. 우리를 안내하던 젊은 가이드랑 가게 앞에서 안내하던 사람이 서로 옥신각신했다. 그러거나 말거나 20디르함을 가게 앞 청년의 손에 쥐여 주고는 피신하듯 가게로 들어갔다. 물론 어떤 가게에서도 입장료는 받지 않는다는 걸 눈치로 알아챘지만 20디르함을 쥐여 주고 100디르함을 쉽게 해결했다.

'아, 우리가 이겼다!'

그리고 한참 동안 사진을 찍고 내려오니 이 젊은 가이드 친구가 아직도 우릴 기다리고 있었다. 조금 겁이 났다. 근데 아무 일 없었다는 듯 태연하게 다시 묻는다.

"그 다음은 어딜 갈 거니? 내가 더 안내해 줄게."

조금은 미안해지기도 했고 이 젊은 친구가 진짜 학생이라서 아르바이트를 하는 거라면 조금은 줘도 될 것 같아 우린, "시미트리(묘지)를 가고 싶은데 얼마를 받을 거니?" 하고 묻자 20디르함만 달란다. 그래서 꼭 시미트리까지 데려다 줘야 한다며 20디르함을 건네줬다. 이제 그 청년이 앞장섰다. 그러고는 한 10미터쯤 가다 나타난 갈림길에서 느닷없이 옆의 골목을 가리키며 청년이 소리치듯 말한다.

"그쪽으로 쭉 가면 돼, 바이~ 바이!"

물론 그쪽에는 결코 시미트리가 없었다. 이번에는 우리가 제대로 한 방 먹었다. 짜슥!

여행 중에 누군가가 친절을 베풀면서 혹시 만족했느냐고 물어 오면 그저 그랬다고 말할 일이다. 그렇지 않고 우리처럼 만족했다고 하면 만족한 값을 또 내라고 한다. 그리고 선불을 주면 절대 안 된다. 대충 가다가 우리처럼 '바이, 바이'를 당하니까….

어딘들 그렇지 않을까마는 모로코라는 나라에서도 공짜는 없는 것 같다. 친절에도 값이 매겨지는 나라이다. 엄밀히 말하면 주는 것이 맞을지도 모른다. 헤매며 낭비하는 시간을 값으로 치면 오히려 주는 편이 낫겠지만, 인정에 길들여진 우리 입장에서 보면 적응이 안 되고 유난히 아까운 것도 사실이다. 그 뒤로는 보통 길을 물으면서 자동으로 2디르함 정도는 건넨다. 어쩌면 주는 것이 더 인정 있는 것인지도 모르기 때문에….

세 번의 흥정을 하라

페스(Fes)의 골목에서 줄다리기식 흥정 방식은 대부분 공식이 있다. 보통 세 번쯤 흥정하라고 한다. 그러니까 일단 반으로 자르고, 또 한 번 거기서 반을 툭 치면 맞는다고 한다. 그러나 그것은 대부분 관광객을 상대로 장사하는 사람들에게만 국한될 뿐, 현지인들끼리의 거래는 아주 정직하다. 채소나 과일을 살 때는 너무 싸서 더 줘야 하는 거 아닌가 망설여질 때도 있었다. 그러니 현지인의 계산 방법을 따라하는 것도 좋은 방법이 되겠다.

현지 화폐 시세는 1디르함에 우리 돈 150원꼴이다. 10디르함이면 1500원쯤 된다. 그리고 1유로(Euro)는 1500원이 조금 넘는다. 그러므로 현지에서 유로로 계산하면 손해다. 반면에 10디르함이 1달러와도 같이 통용되는 경우도 흔하다. 달러밖에 없다고 말하면서 달러로 계산해 달라고 하면 대부분 오케이라고 말하는 경우가 많다. 1유로와 1달러의 차이는 몇 백 원의 차이가 있으니 요령이 필요한 것이다. 환전은 대부분 한국에서 나갈 때 달러나 유로로 환전하여 두바

이(Dubai) 공항이나 카사블랑카(Casablanca) 공항에서 다시 디르함으로 환전하면 되는데, 두바이에서는 우리 돈도 환전이 가능하다. 사실 모로코에는 사설 환전소가 없다. 모두 은행에서 환전한다. 그러므로 휴일에는 환전을 할 수 없으므로 미리미리 준비해야 한다.

해외여행을 할 경우 환율은 상당히 예민한 부분이다. 대부분 현지 화폐에 어느 정도 적응이 되었다 싶으면 떠나오는 경우가 흔하니까…. 나는 환율이나 계산에 둔해서 그냥 적당히 계산하는 편이다. 계산 착오로 손해를 보는 경우를 합하면 많아야 몇 만 원인데 그냥 그 정도는 감수하는 편이 편하다 싶어서이다. 머리가 나쁘면 별수 없이 돈으로 해결해야 한다는 말이 맞는 것이다. 딱 한 번 실수가 있긴 했다. 모스크바에서 1만 원인 줄 알고 너무 싸다 싶어서 덜컥 몇 개 산 선물이 돌아와 계산하니 10만 원씩이었던 적이 있었다. 골치가 아프더라도 꼼꼼하게 따지는 것이 좋은 방법이긴 한 것 같다.

مطعم
DAR SIDI IDIR
DAR - CAFÉ - RESTAURANT
VUE PANORAMIQUE

68

니들이 올리브 맛을 알아?

올리브나무가 성경에서 말하는 '감람나무'라는 것을 아는 사람은 그다지 많지 않다. 구약성서에 나오는 노아의 홍수 이야기에서 비둘기가 입에 물고 온 감람나무 가지가 곧 올리브나무였던 것. 올리브가 대체 뭐길래 성경에도 언급이 됐을까? 성경뿐만이 아니라 코란(Koran)에도 언급이 된 것으로 보아 올리브의 역사는 일찍이 우리의 삶과 밀접하기도 했지만 성스럽게 여길 만큼 귀한 나무였나 보다.

우리나라에서는 와인 안주로 몇 개 따라 나오거나 파스타를 먹을 때 애피타이저나 디저트로 내놓는 것이 고작이다. 그것도 아까운지 대부분 슬라이스를 쳐서 내놓는 경우가 많다. 그렇게 귀하디 귀한 올리브가 이곳의 시장 바닥에선 발에 채일 정도로 많다.

효능으로 말할 때 올리브는 "와인은 피를 만들고, 올리브는 뼈를 만든다."라는 말이 있을 만큼 우리 몸에 착한 과실이다. 맛을 보고 싶다며 10디르함이나 20디르함만 줘도 비닐봉지에 한가득 담아 준다. 술안주로도 그만일 텐데, 이 나라에는 근사한 안주는 있는데 술이 하늘에서 별 따기라 아쉽다. 여행을 다니며 뜻하지 않은 행운을 기대하는 건 아니지만, 심신이 너무 지치자 올리브를 보면서 맥주 한 잔이 더욱 간절해진다. 뼈는 있는데 피가 없으니 살이 떨린다고나 할까?

어쨌거나 올리브 가게는 피사체로도 화려해서 그만이다. "니들이 올리브 맛을 알아?"라고 말하는 듯, 멋지게 포즈를 잡아 준다.

69

시장통을 누비다

시장을 찍으러 가면 어떻게 그들에게 다가가야 하는지 눈빛을 보면 대충 읽게 된다. 더구나 노인의 경우는 쉬운 편이다. 대부분의 노인들은 심심해하는 편으로 누군가가 질문을 많이 하는 것을 좋아한다. 조잘거리며 다가가면 노인들이 더 신나 좋아한다.

더구나 그냥 찍는 게 아니라 팔아 준다는데, 마다할 리가 없다. 카메라를 들이대다 인상을 쓸라치면 "이건 얼마예요?" 하고 지갑을 꺼내 들면 사람 마음이란 게 금세 누그러지게 되어 있다. 그런 식으로 하다 보니 촬영을 마치고 돌아올 땐 내 손에 검은 봉지가 주렁주렁….

예전에 한 번은 누런 호박을 자루째 사는 바람에 차를 부른 적도 있었다. 그가 제일 신나는 모습을 찍고 싶어서 떨이를 해 버린 것이다. 거기서 터득한 노하우로 여행을 가면 현지인들이 가는 시장에서 많은 시간을 보내는 편이다. 목적은 사진인데 찍는 것은 뒷전이고 그들과 노는 게 태반이다. 어쨌든 카메라는 시장 구경에 그만이다.

내가 버린 휴대폰

중고 휴대폰의 반 이상이 '삼성'이다. 쏟아져 나오는 신제품 폰에 밀려 반납한, 아니 어쩌면 내가 잃어버렸던 휴대폰도 여기 있을지 모르겠다. 휴대폰을 파는 아저씨가 앉아 있는 뒷면에 써놓은 'SAM'이란 글자가 삼성을 말하는 걸까? 반갑다. '삼성'아!

"삼성과 엘지 그거 다 우리가 만든 거야. 우린, 코리아야!"

사진 찍는 것을 제지하려다가 '코리아'라는 말을 알아들었는지 개중 상태가 좋은 놈으로 들어 보여 주면서 "이거 삼성이야!" 한다.

"그래, 우리가 삼성이야!"

71

모로칸으로 사는 법

놀아도 학교 옆에서 놀라고 하던 우리 엄마들이 있었듯이, 이곳 모로코에는 놀려면 사원 근처에서 놀라는 무슬림 엄마들이 있을 법하다. 모든 생활의 중심이 기도인 무슬림들은 시장 골목골목에도 사원을 둔다. 기도하고 밥 먹고, 기도하고 장사하고, 기도하고 친구를 만난다.

이 지구 상에 이렇게 강력한 힘의 종교가 또 있을까? 아잔(azan)은 중독성이 또 얼마나 강한지 여행 일주일 만에 새벽 아잔이 들리면 '하루를 시작해야지' 하는 생각이 들고, 저녁 아잔이 들리면 '이제 숙소로 돌아가야지' 하는 생각이 저절로 든다.

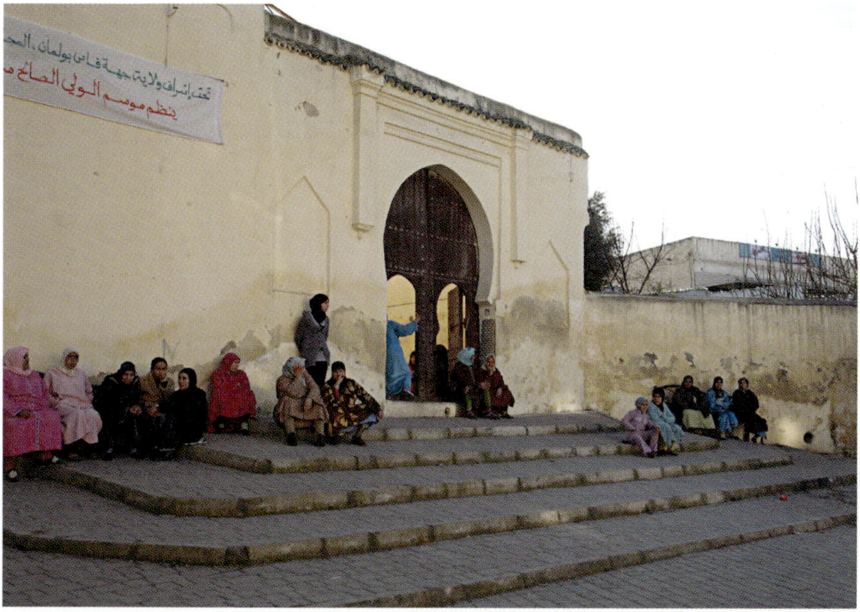
تحت إشراف ولاية جهة فاس بولمان
ينظم موسم الولي الصالح

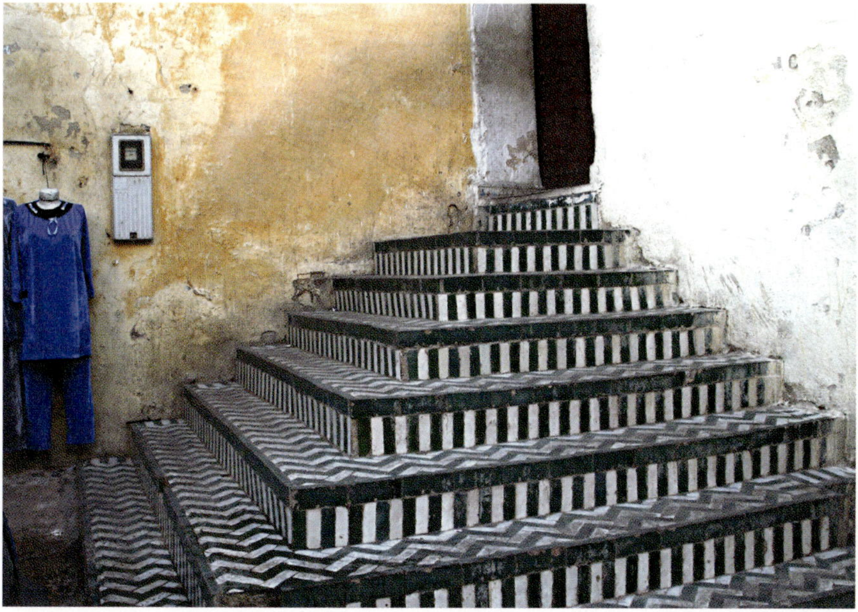

72

골목 투어

골목 투어

요즘은 우리나라도 각 지역마다 너도나도 역사가 있는 구도심 골목 길을 보존해서 관광자원으로 활용하자는 방안을 내놓기에 고심하는 데, 여기 페스(Fes) 메디나는 그런 골목 투어 코스로는 아주 제격이 다. 거의 체험 코스 수준으로, 우리에게도 이런 관광자원이 있다면 소위 '대박'이겠다.

자꾸만 우리와 비교하게 된다. 우리나라의 100년 후는 감히 예측할 수조차 없는데, 페스의 100년 후는 훤히 보인다. 100년 후에도 지금 처럼 그렇게 살아가겠지….

9200가지의 재미를 즐기는 법

9200개의 골목이란 말에서 숫자 '9200'에 소위 필(?)이 꽂혔다. 어떤 사람들은 9000여 개라고도 하고, 어떤 이들은 7000여 개의 골목이 있다고도 한다. 어쨌거나 우린 최고로 많이 부른 9200개의 골목이 있다고 믿기로 했다. 우리가 그 숫자에 연연해한 이유는 이들의 삶에서 너무도 다양한 모습을 보았기 때문이다. 골목에는 9200가지의 수공품을 만드는 장인이 살 것만 같았다. 진기한 풍경들이 많다.

9200이라는 숫자가 더 매력 있던 페스(Fes), 그런 골목을 재미있게 돌아보려면 관심 있는 곳에 들어가거들랑 호들갑을 떨어 주시라! 우리는 빵 굽는 집에서 빵을 사겠다고 돈을 꺼내 들고서는 호들갑을 떨었다. 그리고 화덕에서 막 나온 빵을 사 들고 맛있다고 엄지손가락을 치켜들고 감동의 세리머니를 날리기도 했다. 덕분에 2층까지 올라가 빵 만드는 과정과 집 구석구석을 구경했다. 약간의 푼수 없는 짓은 여행을 즐겁게 한다. 아니, 사진을 재미있게 찍는 9200가지의 즐거운 방법에 대한 과장일 수도 있겠다.

74

찍어도 되나요?

보통 '사진'을 목적으로 간 사람들은 즐기기보다는 정신없이 찍기에 바쁘다. 밥도 굶어 가며 사진에 목숨을 건다. 다행히 나의 경우는 카메라가 꼼수에 가깝다. 아니 왜 욕심이 없겠는가? 그러나 자꾸 스스로 주문을 건다. "못 찍음 말고, 사진은 단지 핑계야!"라고.

그러다 보니 핑계 덕에 챙기는 재미도 만만치 않다. 핑계로 남의 집에 들어가 점심까지 얻어먹고 오는 경우도 있었으며, 가족 파티에 끼어 재미도 있고 아주 생동감이 있는 사진도 얻은 적이 있었으니까. 혹시 촬영을 원치 않으면 카메라는 내려놓고 그냥 한판 신나게 함께 노는 것도 카메라가 준 즐거움이 아니겠는가. 그렇지만 머릿속으로는 후회를 할 것이다. '작은 콤팩트카메라라도 주머니에 넣어 올걸' 하면서. 거부감이 적어지면 슬며시 묵인하는 경우도 많으니까…. 그러나 때때로 과시적인 큰 카메라가 한몫하기도 한다. 더러는 기자인 척, 취재인 척하기도 한다. 그러나 주의해야 할 것은 규제가 심한 나라에서는 더러 그냥 단순히 취미로 기념사진을 찍는 거라고 해야

유리 할 때도 있다. 혹시나 자기 나라의 치부에 가까운 고발성 사진을 찍어 유포하는 거라는 인식을 갖고 있는 사람에게 걸리면 또 다시 "올 딜리트(all delete)!"를 강요받을 수도 있으니까.

어쨌거나 우리는 모로코 여행 내내 그놈의 '올 딜리트'의 노이로제에 걸려 눈치 보고 또 눈치를 보면서 "찍어도 되나요?"가 인사가 되어 돌아다녔다.

75

골목 안엔 여자들의 수다가 있다

남자는 반팔 티에 청바지를 입어도 옆의 부인은 차도르(chador)를 뒤집어씌우고 부르카(burka)로 눈까지 가리고 다니게 하는 모습이 낯설지 않게 보일 쯤, 또 다른 옆에서는 배꼽티를 입는다 해도 뭐랄 사람 없는 나라가 모로코라는 것을 알게 된다. 단지 이 나라에는 히잡(hijab)을 쓰지 않으면 사원 출입도 제한할 만큼 겉차림으로 여인의 정숙도를 가늠하는 경우가 많으므로 여행자의 숏팬츠 스타일은 위험천만한 옷차림이란 것도 알게 된다.

그러므로 차도르를 뒤집어씌워 내보내는(임자 있음 하고는) 나라에서, 여행자라고 해서 반바지 차림으로 모로코를 누비는 일은 자칫 '남자 구함'으로 오해받게 될지도 모를 일이다. 우리가 그들의 문화를 완벽하게 알지 못하여 범하는 누가 있는 만큼 그들 역시 우리의 문화를 그들의 잣대로 해석하여 '돼먹지 못한 상것'으로 취급당하지는 말자는 말이다.

어쨌거나 일부다처제(一夫多妻制)라는 이슬람권의 특이한 제도로 모든 여자는 남자들의 소유물일 것 같은 나라가 이 나라이다. 일부다처제란 너무 원시적이란 생각이다. 아직까지 그런 제도가 남아 있다는 것이 신기할 뿐이다.

본래의 이슬람 경전인 코란(Koran)의 '여인의 장'을 보면 "고아들을 공정하게 보살펴 줄 수는 없을까 하는 마음이 있다면 둘, 셋 그리고 네 명의 여인과 혼인해도 무방하나, 그 부인들을 공평하게 해 줄 수 없다면 반드시 한 명의 부인만 두라 하셨노라."라고 적혀 있다는데, 이것은 역사상 정복 사업이 전개되면서 숱한 전쟁을 치루며 무슬림 병사들이 많이 죽게 되자 남겨진 전쟁 미망인들과 고아들을 구제할 목적으로 일부다처제라는 제도를 계시를 통해 내렸다고 한다. 그러니 얼핏 보면 계시는 나름 합리적이다. "공평하게 해 줄 수 없다면 반드시 한 명의 부인을 두라."고 했다는 것이다. 요즘 공평하게 해 줄 자신이 없는 사람들이 많은지 실제로 일부다처제는 그다지 많지 않다는 얘기다. 그러나 누군들 그 속을 알리, 모로코에 살지 않는 이상 속속들이 알 수는 없지 않은가?

한 남자에게 사랑받지 못하는 여인이란 생각에서인지 마네킹 여인들의 표정까지도 사뭇 우울해 보인다.

골목 안은 여자들끼리의 재잘거림으로 언제나 가득하다.

그렇게 보인다.

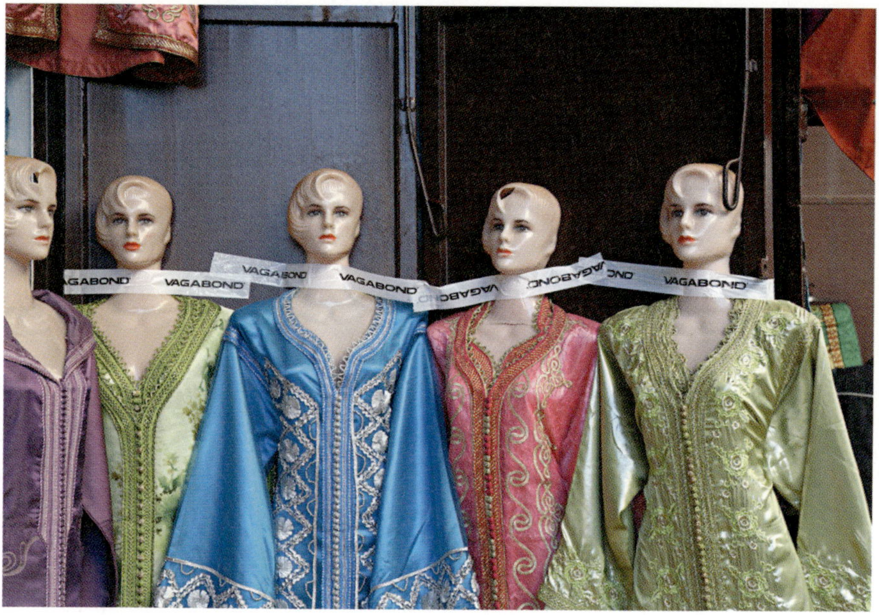
VAGABOND
VAGABOND
VAGABOND

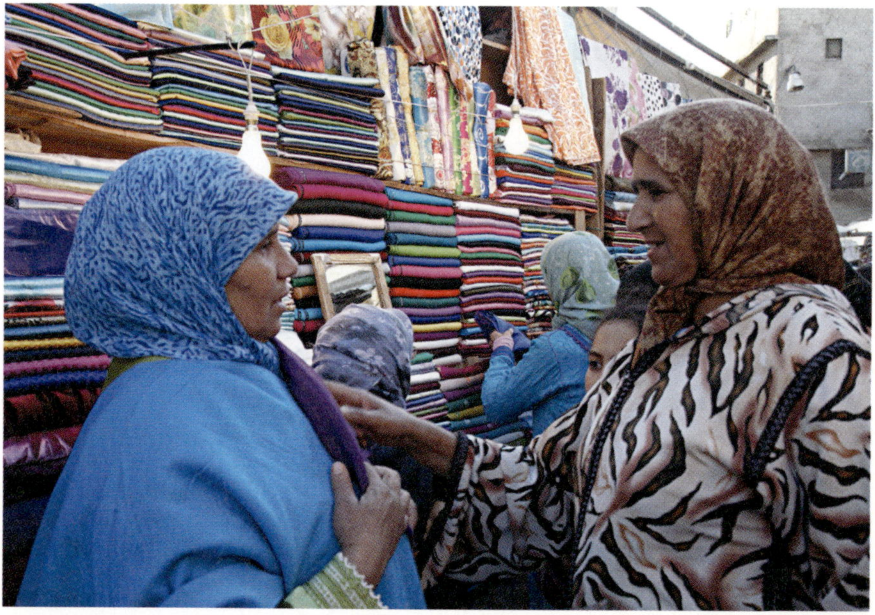

#76
남자의 골목이란…

남자가 골목에서 이별을 하면

가던 길을 되돌아 나오고,

여자가 골목에서 이별을 하면

벌써 다른 골목으로 접어든다고 했던가.

그런 청춘의 한때를 시로 쓰라면

이 골목을 핑계 삼기 좋겠다.

가던 길 되돌아 나오는 것이 더 어려운 페스(Fes)의 골목,

남자여, 그대도 그냥 다른 길로 쉽게 갈아타시게나.

F.C.B
MAS
MADRI
MAS
MAS
MAS

골목 -1

페스(Fes)의 골목은 막다른 골목이 없다.

어디로든지 통한다.

그러나 잘못 갇히면 뱅글뱅글 돌게 만드는 것도 페스의 골목이다.

매력이랄 것까지는 없다.

어디로든 나갈 수 있다는 것을 이미 아니까.

너무 어른이 되어 버렸다는 뜻이다.

골목 -2

그때,

9200개의 골목이 있었다면

어딘가에 9200개의 출구를 가졌을 터,

그때는 그걸 몰랐을까?

مؤسسة الربيع
روض
5

시미트리

죽어서도 신앙은 깊고 깊다.

머리를 동쪽 메카(Mecca)로 두고 나란히 눕는다.

우리들 삶이 여행이라면 모든 여행가들이 선택하는 곳은 아마도 여기쯤이 아닐까?

그래서 많은 여행가들이 지금 연습을 하고 있는 것인지도 모른다.

나 또한 여행 때마다 꼭 들르는 시미트리(cemetery),

더는 낯설지 않도록 지금 친해지는 중일지도…,

꼭 한 평이면 족하다는 마지막 여행지.

ضريح مولاي طمي الشريف لشريف بريشة الاقيان لتراب ج
0670225380

카사블랑카여 안녕

카사블랑카여 안녕

80

카사블랑카로 가다

아침 일찍 페스 호텔(Fes Inn) 앞에 나서니 또다시 순하게 생긴 아랍
계 청년이 기다리고 있었다. 마라케시(Marrakech)에서 사하라를 넘어
올 때도 우리를 호텔에 데려다 준 후로, 어디서 잠을 자는지 모르지
만 아침이면 나타나 출발하자며 떠나자는 신호를 보냈다. 페스에서
도 삼 일 만에 나타나 말없이 이제는 카사블랑카(Casablanca)로 가자
며 우리 짐을 차에 실었다. 말이 통하지 않으니 모든 것은 여행사에
서 추천해 준 일정대로 묵묵히 움직일 뿐이었다.

동생은 또다시 기사 옆에 앉아 생존 아랍어를 복사해 온 A4 용지를
펴 놓고 대화를 시도한다. 올 때는 말이 안 통해 헤매더니 이제는 제
법 잘 통했다. 단어 몇 개로 나이가 몇 살인지, 고향은 어디인지, 어
머님은 어디 사는지, 언제부터 운전을 했는지 등 알아낼 것들은 다
알아냈다. 사람과 사람이 소통하는 데에는 불과 몇 마디, 몸짓 몇 개
면 충분한 것을….

원래는 우리를 안내하기로 한 사람은 이 사람이 아니었다. 공항으로
픽업을 나왔던 가이드 겸 기사를 맡아 주기로 한 Mr.정이라는 남자
가 우리를 맡기로 했는데, 마라케시에서 아랍계 청년에게 우리를 떠
넘기고 가 버린 것이다. 그 까닭을 추리하여 알아낸 이유는 이러했
다. 마라케시에서 관광 안내를 해 주겠다고 자처한 Mr.정이 하루 50
디르함씩, 4명이니까 200디르함만 준다면 구석구석 구경을 시켜 주
겠다고 제안을 했었다. 하지만 우리는 자유 여행을 온 것이므로 우
리 깜냥대로 걸어다니며 우리 식대로 보겠다고 했고, 이런 반응이

그 남자에게는 돈이 되지 않음을 일찍 알아차리게 한 것이다. 흔히 자유 여행에선 그런 옵션을 제안받기 마련이다. 이럴 때 옵션은 필수 사항이 아니라 선택 사항일 뿐 순전히 여행자의 입맛대로 하면 되는데, 그 가이드 입맛에 우리가 맞지 않았던 것이다.

일단 여정은 시작되었고 말이 통하지 않는 채로 출발한 우리 일행은 대략 난감…. 보다 못한 동생이 우리를 버리고 간 가이드 때문에 스트레스를 받아 가며 여행을 망칠 수 없다며, "지금의 최선은 무엇인가? 이가 없으면 잇몸으로 살아야지." 하면서 출력해 온 생존 아랍어 몇 장을 꺼내 들었던 것이다. 그런 것처럼 자유 여행을 선택할 때에는 언제든 발생할 수 있는 상황에 대한 대안을 기꺼이 받아들일 준비가 되어 있어야 한다.

때가 되면 밥을 먹고 커피가 생각나면 휴게소에 들르는 정도는 통하게 되었다. 중간중간 차를 세워 사진을 찍기도 하면서 나름 즐거움을 찾아갔다. 사막 지대를 지나기도 하고, 산악 지대를 넘기도 하면서 한없이 펼쳐진 올리브밭과 아몬드밭을 번갈아 달렸다. 다섯 시간쯤 지나니 멀리 카사블랑카가 보였다.

막상 카사블랑카로 들어오니 갈등이 생기기 시작했다. 호텔까지 우리를 데려다 주면 일정이 끝나는 아랍인 가이드에게 팁을 줄 것이냐 말 것이냐에 대한 논의가 시작되었던 것이다. 우리와 함께하던 두

아가씨는 여행사가 약속을 지키지 않았으므로(영어가 가능한 가이드를 붙여 주기로 했던 사항) 다 주고 싶지 않다는 것이었다. 아니 이 사내도 팁은 받지 못할 거라고 각오는 했던 것 같다. 왜냐하면 만족도에 따라 값이 매겨지는 친절 값이라면 팁을 받을 만큼의 만족한 안내를 해 준 것이 아니었으므로 말이다. 그래도 이 사내가 무슨 죄가 있겠나 싶어 여행사가 귀띔해 준 500디르함에서 반을 지불하기로 했다. 다행히 너무 고마워했다. 그렇게 우리를 맡아 주었던 사내와 바이~ 바이, 드디어 카사블랑카의 일정이 시작되었다.

하산 모스크 주변에서 놀기

호텔[Novotel Casablanca] 룸에 들어서니 저 멀리 하산 모스크(Hassan Mosque)가 보이는 창이 있는 방이다. 재수가 좋다는 생각이 들었다. 여행 중에 전망이 좋은 방을 만날 때는 그런 생각이 든다. 여행사를 통해 예약을 하면 대부분 비행기 좌석은 날개 근처이기 일쑤이고, 방은 정말 운이 좋아야 그나마 전망 좋은 방을 만난다. 그래서 여행사를 통하면 푸대접을 받는다는 느낌을 받을 때가 종종 있는데, 유난히 싼 항공료와 여행 경비를 선택했을 때에는 감수하는 편이다. 요령을 부리자면 비행기의 경우는 여행사 카운터에서 자리를 정해 줄 때 기왕이면 창가 쪽으로 달라고 부탁하거나, 멀미가 있으니 앞쪽을 주면 안 되겠느냐고 엄살을 부리면 개중 나은 자리를 주기도 한다. 마찬가지로 호텔에 가서도 전망 좋은 방을 달라고 요청하면 그런대로 고려를 해 주는 편이다.

어쨌거나 카사블랑카(Casablanca)에 왔으니 우선 제일 먼저 하산 모

스크에 가서 신고식을 하기로 하고 짐을 던져 둔 채 길을 나섰다. 카사블랑카에선 랜드마크로 여겨지는 하산 2세 모스크(Hassan Ⅱ Mosque)가 제일의 관광 명소이다. 바다 위에 지어졌다고 해서 '신의 옥좌'라고 불리기도 한다.

서쪽 해변을 막아 지었다는 모스크에는 높이가 200m에 이르는 거대한 첨탑(尖塔, minaret)이 있다. 전 국민의 성금을 모아 세운 이 모스크는 주변의 이슬람 국가와 모로코의 수많은 실내 장식가 장인들이 모여 7년간의 공사 끝에 1993년에 완성한 건물이다. 모로코에서 유일하게 관광객이 들어갈 수 있는 세계 최대의 모스크. 실내에만 2만 5000여 명이 동시에 예배를 드릴 수 있고, 8만여 명의 사람이 모일 수 있는 광장이 있다. 프랑스 건축가 미셸 팽소(Michel Pingseau)가 설계했다고 한다.

하산 모스크에는 세 번을 갔었는데 첫날은 도착해서 문을 닫겠다고 나가라고 할 때까지 광장에서 놀았고, 다음 날은 사원을 들러 멀리 모스크가 보이는 바닷가 마을에서 놀았다.

많은 사람들이 하산 모스크에 들르면 감탄하며 하산 모스크 주변에서 논다. 대부분 여행 일정이 하루 정도를 제공하기 때문이다. 그러나 우리는 며칠 카사블랑카에서 머물렀으므로 멀리 해변을 따라 걷고 또 걸으면서 이곳저곳을 기웃거렸다. 그러나 대부분 모스크가 보이는 반경 안에서 놀았다. 모스크가 보이지 않으면 길을 잃은 거라고 생각하며 반경 안으로 들어오길 여러 차례, 스스로 카사블랑카에서의 투어 반경을 만들면서 사진을 찍었다.

열심히 사진을 찍었으나 모든 숏은 모스크를 향해 있었다. 그러나 찍을수록 어디서 본 듯 익숙한, 이미 여행객들이 올린 사진과 다를 게 없는 사진이라서 재미가 없어진다.

대부분의 명소 사진은 가장 아름답게 표현될 수 있는 장소와 거리가 거의 비슷하다. 그런 배경은 어디서 본 듯한 포맷들로 지루하다. 그러나 여행자들은 근사한 사진 자리를 찾는데 열중하는 편이다. 모두 그 자리에 서서 근사한 사진을 기대한다. 그러다 보니 좀 더 튀는 사진을 찍고 싶어 좋은 선예도(線銳度)나 색감(色感)으로 표현되는 버전 높은 카메라 갖기를 희망하는 것인지도 모른다.

카사블랑카의 하얀 집을 찾아

카사블랑카(Casablanca)는 '하얀 집'이라는 별명을 가졌다. 마라케시(Marrakech)는 '붉은 도시', 페스(Fes)는 '미로의 도시'로 불리는 것처럼 각 도시마다 표현되는 이미지나 색에 따라 도시의 특성을 표현하는데, 카사블랑카의 별명은 여행 블로거마다 후기를 쓰면서 이구동성으로 '하얀 집' 또는 '카사블랑카'라는 영화 이야기로 시작하면서 무성하게 번져 나갔기 때문이다. 본래 별명은 남이 붙어 주는 것으로, 불리게 된 역사적 배경이야 어떻든 '하얀 집'으로 인해 그 도시의 좋은 스토리텔링이 되지 않나 하는 생각이 들어 참 부러운 생각마저 하게 된다. 이처럼 모로코에는 유난히 도시마다 별명이 있어 모로코의 매력을 한층 더하게 만든다.

사실상 카사블랑카라는 도시는 1942년에 만들어진 '카사블랑카'라는 영화 하나로, 또 영화의 소재였던 '릭스 카페(Rick's Cafe)'가 지금 말하자면 '대박'을 치고 있는 중이다. 여행자마다 지도에 동그라미를 쳐 가며 물어물어 찾아가는 필수 코스이다. 우리도 다르지 않아 여기까지 왔는데 꼭 봐야 되지 않느냐고 찾아갔다. 그러나 우리는 잘

못된 정보로 인해 하얏트 호텔을 찾아갔었는데, 거기서 릭스 카페는 이사를 갔다는 이야기를 들었다. 또다시 호텔 측에서 그려 준 지도를 가지고 물어 물어 헤매기를 반나절, 간신히 찾긴 찾았는데 이번에는 그만 휴식 시간이란다. 시간제(siesta) 영업으로 인해 저녁 6시 30분에 다시 문을 연다고 하여 맥이 풀렸었다. 택시를 탔더라면 좋았을걸, 호텔 직원이 알려 준 700m 정도가 화근이었다. 7km도 넘는 거리였으며 그나마 돌고 돌아 족히 10km도 넘게 걸은 듯했다.

'아, 멀고 먼 릭스 카페여!'

잠시 호텔에 들어가 쉬었다가 나오기로 하고 택시를 탔다. 그런데 이번에는 택시 기사가 기본요금을 무시하고 20디르함을 내란다. 무슨 소리냐고 미터기를 꺾으라고 실랑이를 하는데, 20디르함을 안 줄 거면 내리란다. 얼떨결에 쫓기듯 내리고 보니 고작 우리 돈으로 1000원 안팎의 차이를 가지고 실랑이를 했던 것이다. 이쯤 되면 운전 기사에게 화가 나는 것이 아니라, 서툰 환율 계산과 내 쫀쫀함에 화가 나기 시작해서 미칠 지경이 되고 만다.

여기서 동생과 신경전까지 벌어지는 상황이 일어났다. 강행군을 하다 보면 가끔씩 지치고 지쳐 둘 다 인내심이 바닥으로 떨어질 때가 있었다. 제아무리 사이가 좋은 형제라도 상대에게 너그러워지지 못할 때가 오기 마련인 것이다.

종일 엉키는 날, 쉴 새 없이 강행군을 하다 보면 숱하게 인내심 테스트를 당하기도 하면서, 그런 기분으로 릭스 카페가 무슨 소용이겠냐만서도, 평생 이곳에 오는 것은 이번이 마지막이라는 생각에 억지로 다시 찾아갔으나 그땐 이미 기분이 바닥이었다. 동생은 이미 말이 없어지기 시작했다. 종일 내가 우긴 '카사블랑카' 때문에 끌려다니더니 인내심이 한계에 다다른 모양이다. '험프리 보가트가 뭐라고, 잉그리드 버그먼은 뭐고, 또 영화가 뭐라고….'

모로코에서 처음으로 맥주를 마셨다. 정말 비싸고 아주 맛없는 '카사블랑카'라는 이름을 가진 맥주. 사진 찍을 기분이 났겠는가!

이럴 때 사진은 형식적이고 숙제하는 기분이 되고 만다. 이런 날은 잠이라도 일찍 푹 자 주는 것이 상책이다. 여행을 하다 보면 여행 기간 동안 최상의 컨디션을 만드는 것 또한 여행의 필수 조건이다. 말없이 돌아와 깊은 잠을 청했다. 아마 동생도 속으로 화를 삭이며 그랬을 것이다.

하부스 거리에서 놀기

카사블랑카(Casablanca)에서는 거의 세 구역에서 놀았다. 하산 모스크가 있는 지역과 구(舊) 메디나(Medina) 지역 그리고 하부스(Habous) 거리. 카사블랑카에서 볼거리라면 이 정도가 전부다. 모하메드 5세 광장이 있다고는 하지만 우리는 생략하기로 했다. 세 구역을 찾아가기 위해 택시 '프티(쁘띠)'를 이용했다. 빨간 택시 위에 'PETIT TAXI' 라고 적혀 있는데, 프티도 택시의 크기에 따라 기본요금이 조금 다른 두 종류가 있었다. 탈 때마다 요금이 달라 처음에는 바가지를 쓰는 줄 알았다.

하부스 거리를 오가기 위해 여섯 번쯤 택시를 탔는데 갈 때마다 요금이 달랐다. 돌아가느냐 직선 코스로 가느냐에 따라 16디르함에서 38디르함까지 미터 요금이 다르게 나왔는데, 막히지 않는 골목골목으로 달려가 줄 때는 그저 고마울 따름이었다.

모로코에서 카사블랑카는 경제 도시라 불릴 만큼 대도시의 위용을 갖추고 있지만 빈부 차가 심하다. 아주 가난한 사람이 모여 사는 메디나 지역과 아주 부자가 사는 안파(Anfa) 지역, 그리고 대도시 형태의 상가 밀집 지역이 있다. 하부스 거리는 복잡해진 구(舊) 메디나의 인구가 증가하자 신(新) 메디나를 만들었다고 하는데, 프랑스 식민지 시절인 1920년 무렵에 거주지로 조성, 프랑스식과 모로코식이 혼합된 건물 양식으로 매력 있는 지역이다.

하부스의 매력은 뭘까?

'하얀 집'에 가장 어울리는 거리는 하부스(Habous) 거리가 아닌가 싶다. 물론 하부스와 하얀 집과는 상관이 없다. 사진이 그렇게 느끼게 했을 뿐이다. 카사블랑카(Casablanca)가 바다에 인접해 있고 하얀 파도가 아름다워 스페인어의 '하얀 파도'라는 뜻의 '카사비앙코'에서 왔다고도 하고, 제2차 세계대전 당시 연합국의 대표였던 영국의 처칠 수상과 미국의 루스벨트 대통령의 비밀 회담이 열렸던 곳으로도 유명해져서 백악관의 별칭 '하얀 집'에서 시작되었다는 설도 있으나, 아무려면 어떠랴, 스토리텔링이 많으면 많을수록 도시는 재미있어지는 것이 아닐까?

스페인 부뇰(Bunol)의 토마토 축제를 보면 그 유래가 수십 가지가 넘는다. 매년 주민들이 축제와 관련된 스토리텔링을 만들어 심지어는 영화 상영도 하면서 즐긴다. 주인공도 주민이고 관객도 주민이 된다. 역사적 진실이야 역사책에 기록되면 되는 것이라는 듯, 무한한 상상을 가지고 놀 줄 안다. 얼마나 여유롭게 사는 모습이던가. 참 부

러웠던 적이 있었다.

이처럼 그 지역의 전설이나 구전으로 전해지는 스토리텔링은 그 지역의 콘텐츠로서 관광 자원이 되고 결국은 관광객의 지갑을 열게 한다는 사실을 모로코에서 실감하였다. 그런 측면에서 보면 모로코는 관광과 문화 자원의 천지이다.

모로코의 길거리 미술에 대해

모로코에는 벽화가 많다. 사원 내에 형상을 두지 않는 이슬람 율법에 따라 형상을 그리는 행위가 제재를 받는 줄 알았는데 각 도시마다 우리들 생각보다 많았다. 아실라(Asilah) 지방은 아예 '벽화의 도시'라고 할 만큼 온 도시가 벽화 천지라고 한다.(가 보지 않았으나 남들의 이야기에 따르면…)

우리나라 부산에도 감천동 벽화 마을이 있듯이, 창조 도시니 재생 도시니 하면서 어딜 가나 이런 경향은 세계적인 추세임에 틀림없다. 그만큼 미술과 같은 예술을 사람 곁으로 끌어들였다는 말이다. 이처럼 삶을 영위함에 있어 그림이 되었건 음악이 되었건 어떤 것이든 자유롭게 표현할 수 있게 하는 것은 내적 자유를 인정하는 일이다. 예술을 통해 작가와 소통을 시작한다는 것, 아니 누군가가 나의 말을 들어준다는 것, 아마도 그래서 나도 지치지 않고 사진을 찍는 것인지도 모른다.

جميل حب الجمال

فندق مرزوكة عائلي
HOTEL
MERZOUGA
CAFE RESTAURANT
PARKING JARDAIN ~ au centre de Rissani
AACACD

ضريح مولاي علي الشريف بريشة الفنان ايت رابح
0670225380

86

바스키아를 생각하며

벽화를 보면 장미셸 바스키아(Jean-Michel Basquiat)의 생애를 그린 영화가 생각난다. 미국의 화가로 20대에 요절하기까지 낙서인지 그림인지 구분이 안 되는 벽화를 그리며 살아간 그의 생애를 다룬 영화였다. 처음에는 '그림인가, 낙서인가'로 시작해서 '이 사람은 화가인가, 낙서장이인가'라는 이야기까지 참으로 논란이 많았던 작가이다. 결국 그는 신표현주의 작가로 현대 화가의 반열에 오르게 되고, 그리하여 '그래피티 아트(Graffiti Art)'라는 새로운 개념의 미술 장르를 만들기까지 현대 미술사에 지대한 공헌을 한 사람이다.

자신만의 독특한 화풍를 가지고 끊임없이 이야기할 수 있는 힘을 가진 사람, 바스키아처럼 에너지가 많은 사람을 존경한다. 전해지는 그의 일화 중에는 밤새 몰래 낙서를 하고 도망가듯 튀면서도 꼭 사인을 남겼다는 사연이 있는데, 그것은 작가 스스로가 작품임을 인정하는 당당함에서 온 것이 아닐까? 어쨌거나 그 이후 나는 길거리 그림을 볼 때마다 사인이 있는가를 살펴보는 버릇이 생겼다.

그러나 모로코의 벽화 그림에는 작가 사인이 거의 없다. 하지 않았
다는 것은 스스로 작가임을 포기했거나 누군가의 작품을 모사했다
는 걸까? 아쉬운 부분이었다.

그러나 이름 없는 작가의 벽화라지만 도시에서 많은 벽화를 만난다
는 것은, 낯선 도시가 주는 긴장감을 없애 주는 역할을 하기에는 충
분했다.

87

그냥 좋은 사진

사실상 사진은 사진 자체로 설명이 끝난다. 사진을 놓고 이러저러한 이야기를 한다는 것은 사족(蛇足)을 붙이는 격이다. 더구나 여행 사진은 특별한 의미를 표현한다기보다는 말로 치자면 직설 화법이나 다름없다. 그러니 여행 사진을 정리하다 보면 자연히 나와 인연이 됐던 사진에 끌리기 마련이다. 아니, 설명이 안 되게 그냥 좋은 사진도 있는데 자꾸만 추억이 있는 사진만 찾게 된다. 여행 사진 중에는 때때론 특별한 추억도 없이 그냥 좋은 사진도 있다.

골목에서 김기찬을 생각하다

모로코를 보러 간 것이 아니라 골목을 보러 간 사람처럼 모로코에선 대부분의 여행을 골목에서 놀았다. 골목을 헤매다 보니 우리나라의 대표적인 골목 사진작가 김기찬 선생님이 떠오른다.

작가라 불리는 많은 사람들이 멋진 일출이나 일몰 사진에 빠져 있을 때, 묵묵히 소위 달동네라고 불리던 곳에서 일상의 골목 풍경을 찍은 일은 그야말로 우리나라 사진사에 길이 남을 위대한 작업이다. 어쩌다 간 골목이 아니라, 아예 골목에서 살다시피 하지 않으면 찍을 수 없는 자연스러운 우리네 삶의 단면들을 읽어 냈다. 지금이야 낯선 사람이 찾아오면 문조차 열어 주지 않는 세태이지만 그때 그 골목은 얼마나 따스하고 인정이 넘쳤을까?

그런 내가 이 낯선 골목에 어쩌다 한 번 와서 과연 무엇을 보고 무엇을 찍을 수 있겠는가…. 어쩌면 이곳 골목은 이방인 여행자는 감히 끼어들 수 없는 모로코 사진작가의 작업 공간일지도 모르겠다.

89

모로코의 초록별과 김중만

초록별을 생각하면 김중만 작가의 손등에 새겨진 문신이 생각난다. 김중만은 젊은 시절 아프리카에서 살았기 때문에 별에 대한 생각이 남달랐을 수도 있었겠다. 아프리카 국가들의 국기에는 유난히 별들이 많이 그려져 있으니까…. 지금은 그의 두 아들과 사위 모두가 사진작가로 활동하고 있는데, 두 아들 모두 손등의 같은 자리에 초록별 문신을 새긴 것이 인상적이었다. 삼부자의 초록별이라, 재미있지 않은가. 나도 모로코를 다녀온 후 아주 작은 초록별 하나 새겨서 넣고 올걸, 하고는 후회를 했었다. 모로코에는 헤나(henna)가 유명하여 마음만 먹으면 쉬웠는데 말이다.

국기 안에 별이 그려진 나라는 의외로 많다. 특히 이슬람 국가나 아프리카 등에 많은 편이다. 물론 아시아권의 나라 중에 중국이나 베트남에도 별이 그려져 있긴 하지만 아마도 별이 가지는 상징성은 다른 듯하다.

모로코 국기의 '초록별'은 무엇을 의미할까? 사전에 의하면 빨간색 바탕은 이슬람의 예언자 모하메드의 자손을 의미하여 피와 왕실을 상징하고, 가운데의 초록별은 평화와 자연을 의미하는 술레이만(솔로몬)의 별을 상징한다고 한다. 또 그려진 별의 오각은 이슬람교의 다섯 가지 율법을 의미한다는데, 실제 별을 천체망원경으로 들여다보면 오각이 없듯 단지 반짝임의 표현으로 그렇게 그릴 뿐이다. 그러나 더 재미있는 것은 여기서는 국기 안에 초록별을 여러 개 그려 시장통의 휘장으로까지 쓰기도 한다는 것이다. 우리나라라면 불경죄(不敬罪)에 해당될까? 그렇지만 우리보다 더 나라를 사랑하는 것 같아 보이는 것은 왜일까?

قاعة الشامي

فرصة

90

항구 마을 행크(Hank)에서

모로코 여행 중에 찍은 사진 대부분이 허름한 사진만 남겨져서 미안한 마음이 든다. 물론 모로코는 빈부의 격차가 심해 고급스러운 곳도 많다. 대도시에는 빌딩도 있고 안카(Anka) 지역 같은 부촌도 있건만, 자꾸만 낮은 삶으로만 눈이 갔다. 땅끝에 사는 사람들은 누군가 낯선 이가 찾아오면 뛰어와 놀다 가라고 잡아끄는 인정이 있기 때문이다. 그 사람들이 진짜 모로칸일지 모른다. 그런 것처럼 세상의 모든 끝에는 '사람들'이 산다.

ملعب نادي
المركز
FIFA

MADE IN KOREA
WMN-4250[R]
SAMSUNG
07.03.28
QTY : 4
Part No : WMN-4250
Vendor : DONGOH PRECISION
UNT BRACK

사진의 신통한 역할

사진은 때때로 여러 기능을 동시에 한다. 더러는 위치를 가늠하기 위해 찍기도 하고 또 돌아오는 길을 되짚기 위해 찍기도 한다. 글씨를 읽을 수 없으니 길을 잃었을 때 호텔 근처 건물이나 간판을 찍었다가 보여 주면서 되돌아오는 용도로 쓰기도 한다. 개도 먼 길을 나설 때 전봇대마다 오줌을 누면서 갔다가 돌아올 때 자기 오줌 냄새를 맡으며 찾아온다지 않던가. 때때로 개처럼(?) 찍었다. 표지판마다 찍고 건물마다 찍고, 게다가 디지털카메라는 파일 넘버대로 날짜까지 차례로 순서를 기록해 주어 일정을 되짚기에도 편하다. 필름카메라를 쓸 때는 몰랐던 신통한 카메라가 디지털카메라가 아닌가 싶다.

그러다 보니 자연히 셔터를 누르는 일이 빈번해진다. 때로는 어디까지를 사진이라고 해야 할지도 모르겠다. 이처럼 너무 많이 남발되는 컷 때문에 사람들이 사진을 더 가볍게 생각하는 것도 사실이다. 때때로 이럴 거라면 뭐하려고 구태여 무거운 카메라를 들고 나섰는지

에 대해 스스로 투덜거리기도 한다. 또한 가끔씩 찍었다가 버튼 하나로 주루룩 감쪽같이 사라지는 삭제 기능 때문에 복장이 터지는 일을 겪기도 한다.

그래서 여행 사진은 될 수 있는 대로 가벼워야 하는 것이 속이 편할지도 모른다. 더러는 깡그리 잊어버려도 아쉬울 것 하나 없는 지나간 청춘이 그랬듯이….

92

신 앞에 복종하는 사람들

내가 외로운 사람이라면 나보다 더 외로운 사람을 생각하게 하여 주옵소서 / 내가 추운 사람이라면 나보다 더 추운 사람을 생각하게 하여 주옵소서 / 내가 가난한 사람이라면 나보다 더 가난한 사람을 생각하게 하여 주옵소서 / 더욱이나 내가 비천한 사람이라면 나보다 더 비천한 사람을 생각하게 하여 주옵소서 / 그리하여 스스로 묻고 스스로 대답하게 하여 주옵소서 / 나는 지금 어디에 와 있는가? 나는 지금 어디로 향해 가고 있는가? 나는 지금 무엇을 보고 있는가? 나는 지금 무엇을 꿈꾸고 있는가?

— 나태주, 「기도」

나보다 남을 위해 끊임없이 기도하는 기독교와는 달리 이슬람은 기도의 방법이 조금 많이 다른 듯하다. 이슬람은 '신에 대해 산 자가 항복하다 혹은 잘못을 인정하다.'라는 뜻이란다. 그런 이슬람교를 믿는 사람들을 '무슬림(Muslim)'이라고 하는데, 이 뜻은 '복종하는 사

람'을 뜻한다. 이들에게 기도는 생활이므로 아잔(azan)이 들릴 때마다 복종을 맹세한다.

길거리에서조차 시간이 되면 카펫 하나 꺼내 들고 메카(Mecca)를 향해 절을 하기도 하는데, 거리에는 기도할 수 있도록 미흐라브(mihrab, 메카의 방향을 알리기 위해 벽에 파 놓은 표시)를 만들어 놓을 정도로 매순간 기도가 생활화되어 있다. 그런 종교임에도 불구하고 너그러운 부분은 이들이 여타의 종교를 인정한다는 것이다. 99%의 무슬림이 있는 반면에 1%의 기독교인과 유대인을 인정한다고 한다.

93

딸을 생각하며

내게는 온전하게 지켜 주지 못한 딸이 하나 있다. 혼자서 기도하고, 혼자서 공부를 하면서도 용케 예쁘게 커 줘서 참 고맙다. 그래서인지 어딜 가나 그만한 연령대의 아이들을 만나면 먼저 아는 체를 하기도 하고 예쁘다고 엄지손가락을 펴 응원을 날리기도 한다. 언제나 남의 일 같지 않은 지원군의 자세가 금방 나온다. 엄마는 어딜 가든지 엄마일 수밖에 없는가 보다.

사원 앞에서 고개를 떨구고 한참을 앉아 있는 어린 친구를 보자 마음이 싸했다. 때때로 내 딸도 저런 자세로 고뇌했던 적이 있으리라. 고뇌도 네 몫이라고 외면하기에는 너무 간절해 보이는 청춘에게 응원이란 얼마나 든든한 힘이었겠는가. 알라면 어떻고 예수면 어떠랴, 신앙은 그대들의 삶을 온전하게 잡아 주리라.

지금의 내 딸은 '기아 대책 기구'에서 일하면서 세계의 어려운 아이들을 위해 늘 기도하는 기독교적인 삶을 택해서 산다. 다행히 딸에게 기독교적인 삶이 살아가는 중심축이 되었다. 그러다 보니 알라를

믿는 모로코를 여행하면서도 자연스럽게 이들의 신앙적인 삶에 대해 깊이 들여다보게 되었다. 기도하는 사람을 만나면 곁에 가서 나도 자연스럽게 고개를 숙인다.

"너는 알라께 기도를 하니? 그럼 나는 나의 하나님께 기도할게. 오늘만큼은 온전하게 나의 딸을 위해서…."

94

떠날 수 있을 때 떠나라

"떠날 수 있을 때 떠나라, 시간이 허락할 때마다 떠나라."

여행자라고 불리는 사람들은 그렇게 말한다. 떠나 본 사람들, 가장 소중한 것을 비켜서서 본 사람들에게 여행에서 더 소중한 것은 무엇일까? 혹 '삶'이라는 단어는 아닐는지…,

오늘은 무엇을 할 것인가, 오늘은 무엇을 먹을 것인가, 혹은 오늘은 누굴 만날 것인가… 계획된 것은 아무것도 없다. 아니, 계획을 세웠다고 하더라도 계획대로 되는 일이 아무것도 없다. 삶이란 그런 거니까. 그렇다면 오늘이 지나고 나면 오늘에서 무엇이 남을까? 오늘이 가면 온전하게 삶은 사라지고 말 것이다. 저 사내가 화면 밖으로 걸어 나가면 사진은 텅 비고 말 듯이.

다음 여행을 갈 때에는 톡톡 튀는 빨간 운동화를 하나 사야겠다. '여행'이란 화려한 날을 위해서….

95

이제 다시 슬슬 그리워지는 모로코

솔직히 말하면, 마지막 날 공항으로 오면서 다시는 오고 싶지 않다고 말할 만큼 지쳐 있었다. 그러나 무슨 운명인지 공항에 도착한 동생이 호텔에 여권을 놓고 온 것 같다고 말했다. 당연히 우리는 출발하지 못한 채 카사블랑카(Casablanca)로 되돌아가는 사태가 벌어졌다. 다시 오고 싶지 않다는 입방정을 떤 것이 단초가 된 것 같았다. 하는 수 없이 다시 발권 절차를 밟고 사흘을 더 카사블랑카에 머물렀다. 그때 동생은 미안했는지 이런 말을 했다.

"언니야, 언니가 빨리 떠나고 싶다니까 모로코가 붙잡았는갑다. '우린 그렇지 않아, 자세히 봐, 좋은 기억을 가지고 돌아가길 바래.' 하면서 내 여권을 숨겼나 봐."라는, 참 어이없는 말이었다. 그러나 실제로 신기하게도 그 남아 있는 동안에 모로코의 진짜 얼굴을 보게 되었다. 어차피 남는 거라면 그림처럼 아름답다는 셰프샤우엔(Chefchaouen)이라도 다녀올까 하다가 지쳤다는 이유로 카사블랑카에서 그냥 죽치고 놀자고 했다. 그것이 그동안의 힘들었던 여행의 전체 일정을 모두 뒤바꾸는 계기가 되었다.

마음먹기에 따라 여행은 즐거워지는 법. 등대 마을 행크(Hank)로 가기 위해 탄 택시에서 차 안의 노래가 좋다고 하니까, 젊은 기사는 모로코에 온 선물이라며 듣던 시디를 빼서 건네주는 서프라이즈(?)를 선사했다. 또 등대 마을에서는 우리 집에서 놀다 가라며 서로 집 안에 들여 놀아 주었다. 정말 모로코는 나를 위해 다른 얼굴을 준비한 듯했었다.

그때의 감동이 작용을 했는지 이제는 솔직히 그립다. 그리고 다짐한다. 다시 간다면 온전하게 모로코에 나를 맡겨 보리라고, "인샬라!" 하며 내가 먼저 마음을 열리라고!

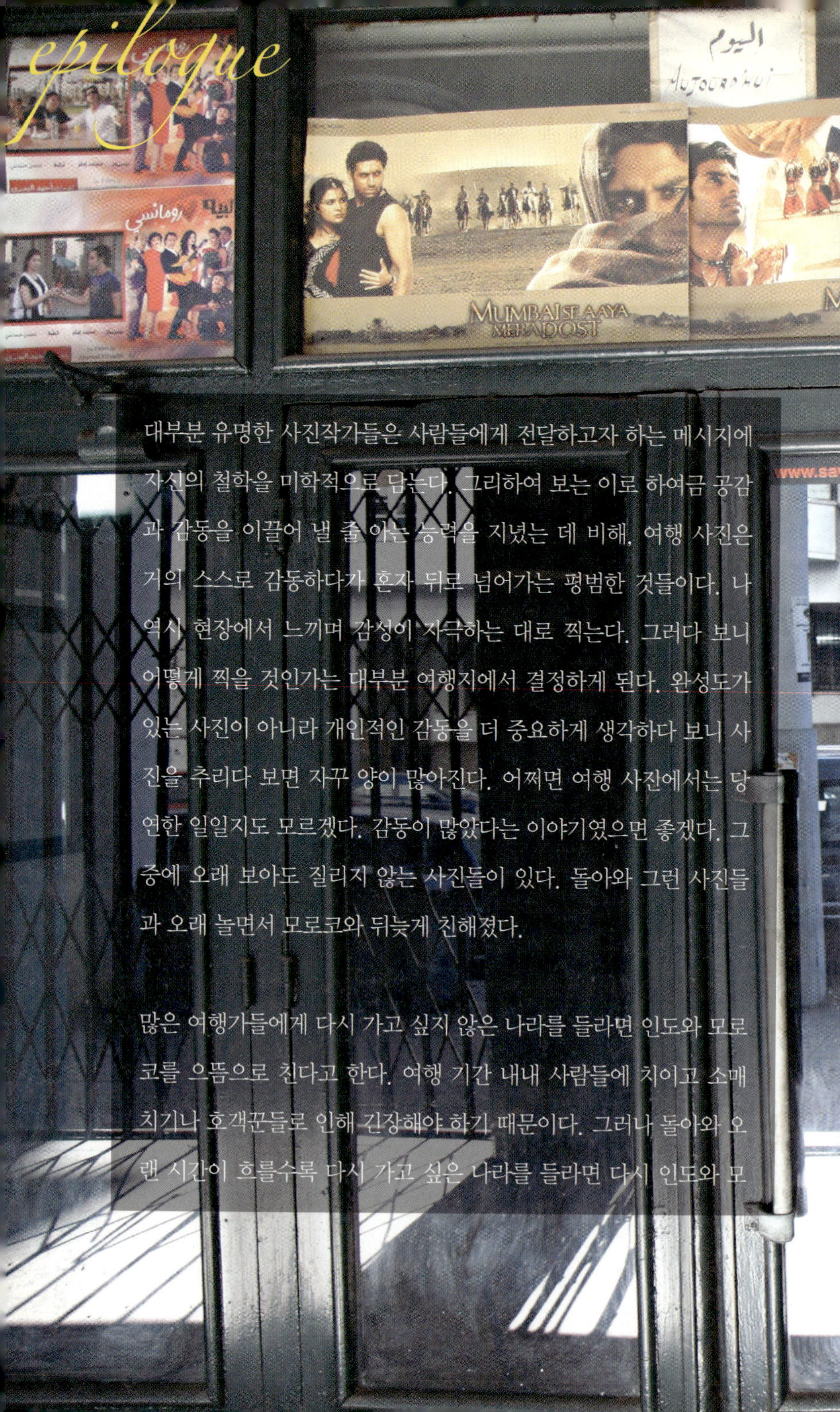

대부분 유명한 사진작가들은 사람들에게 전달하고자 하는 메시지에 자신의 철학을 미학적으로 담는다. 그리하여 보는 이로 하여금 공감과 감동을 이끌어 낼 줄 아는 능력을 지녔는 데 비해, 여행 사진은 거의 스스로 감동하다가 혼자 뒤로 넘어가는 평범한 것들이다. 나 역시 현장에서 느끼며 감성이 자극하는 대로 찍는다. 그러다 보니 어떻게 찍을 것인가는 대부분 여행지에서 결정하게 된다. 완성도가 있는 사진이 아니라 개인적인 감동을 더 중요하게 생각하다 보니 사진을 추리다 보면 자꾸 양이 많아진다. 어쩌면 여행 사진에서는 당연한 일일지도 모르겠다. 감동이 많았다는 이야기였으면 좋겠다. 그 중에 오래 보아도 질리지 않는 사진들이 있다. 돌아와 그런 사진들과 오래 놀면서 모로코와 뒤늦게 친해졌다.

많은 여행가들에게 다시 가고 싶지 않은 나라를 들라면 인도와 모로코를 으뜸으로 친다고 한다. 여행 기간 내내 사람들에 치이고 소매치기나 호객꾼들로 인해 긴장해야 하기 때문이다. 그러나 돌아와 오랜 시간이 흐를수록 다시 가고 싶은 나라를 들라면 다시 인도와 모

로코라고 말한다고 한다. 그들의 특별한 문화를 이해하면 한없이 그리워지게 만드는 묘한 매력을 지닌 나라들이라고나 할까? 이제서야 진짜 얼굴을 보게 된다. 그렇게 모로코에 중독이 되어 가고 있음을 느낀다. 명분은 사진 여행이다. 그러나 언제나 사진은 핑계일 뿐이다. 촬영을 핑계로 만났던 새벽이나 사진으로 인해 만났던 인연, 사진으로 다가온 모든 풍경이 모두 소중하다. 또한 그럴 때마다 여행의 동지가 되어 준 동생 안이에게 늘 고맙다. 나보다 더 침착하고 냉정하게 피사체를 바라보고 콘셉트를 잡아 나가는 능력이 대견하다.

아마도 동생이 없었다면 이런 무리한 여행은 시작도 못했을 것이다. 앞으로도 평생 동지가 되어 줄 것을 당부한다. 동지를 내게 주신 어머니께도 깊이 감사드린다. 더불어 동지를 만들어 주지 못한 외동딸에게는 한없이 미안할 뿐이다. 그렇지만 딸이 기도하는 세상의 아이들을 동지 삼아 살아가길 바란다. 다녀 보니까 세상의 모든 사람들이 동지가 되어도 좋을 듯하다. 세상을 믿는다.

appendix

39

الأزهر
الرقم № 10

وزارة الاوقاف و الشؤون الإسلامية
المندوبية الإقليمية للشؤون الإسلامية
بالفداء مرس السلطان

الأحباس
1342
الادارة

كراج رقم : 3

GARAGE N:3

Morocco
Episode
Riad ADARISSA
Maison d'hôtes

Morocco
Episode

무함마드 씨,
안녕!

초판 1쇄 발행 2013년 7월 10일

글 • 사진 김혜식

펴낸이 김선기
펴낸곳 (주)푸른길
출판등록 1996년 4월 12일 제16-1292호
주소 (152-847) 서울시 구로구 디지털로 33길 48 대륭포스트타워 7차 1008호
전화 02-523-2907, 6942-9570~2
팩스 02-523-2951
이메일 purungilbook@naver.com
홈페이지 www.purungil.co.kr

ISBN 978-89-6291-225-8 03810

*이 도서의 국립중앙도서관 출판시도서목록(CIP)은 e—CIP홈페이지(http://www.nl.go.kr/ecip)
와 국가자료공동목록시스템(http://www.nl.go.kr/kolisnet)에서 이용하실 수 있습니다.(CIP제어
번호 : 2013010179)